学習物理学入門

Introduction to Machine Learning Physics

橋本幸士＝編

富谷昭夫
橋本幸士
金子隆威
瀧 雅人
広野雄士
唐木田亮
三内顕義
＝著

朝倉書店

■編集者

橋 本 幸 士　京都大学大学院理学研究科

■執筆者（執筆順）

富 谷 昭 夫　東京女子大学現代教養学部　（イントロダクション，A1，A2，A3 章）
橋 本 幸 士　京都大学大学院理学研究科　（A4 章）
金 子 隆 威　上智大学理工学部　（A5 章）
瀧　 雅 人　立教大学大学院人工知能科学研究科　（B1 章）
広 野 雄 士　大阪大学大学院理学研究科　（B2 章）
唐 木 田 亮　産業技術総合研究所人工知能研究センター　（B3 章）
三 内 顕 義　京都大学大学院理学研究科　（B4 章）

はじめに

物理学は，人類が到達した１つの究極の学問体系であるといえよう．人類は，古代ギリシャからこの世の成り立ちに興味を持ち，その謎を思考や実験により解き明かしてきた．古代ギリシャ時代のアリストテレスはこの世が理性によって明らかにできるはずと信じて自然科学を創始した．そして現在までに，この宇宙の年齢が 138 億年であること，そしてはじまってから 10^{-12} 秒以降の宇宙の様子を解き明かしたり，身の回りの物質が何でできているか，電気の仕組みや磁石の成り立ちなど，様々な現象を解き明かしてきた．身の回りにあるすべての物質と力の性質を明らかにしてきたのである．その営みは現在でも物理学者によって精力的に続けられている．

一方で人類は，知性自身にも思いを巡らせ，人間のような知的なものを作ることも古代ギリシャ時代から考えていた．特にアリストテレスが，知性とは何たるかを議論したことは有名である．また叙事詩イリアスには，ヘパイストスが黄金の召使いを作り，使役していたとの記述がある．これが明示的に人工的な知性が言及された最初の例であろう．人工知能（AI）は当時では夢物語であったが，現在では機械学習技術を用いた AI による技術革新が進んでおり，人間以外の知性が人の手によって作り出されようとしている．まさに神話の時代に願ったことが実現しつつある時代に我々は生きているのである．

学習物理学は，物理学と機械学習の２分野の垣根を超え，互いの分野の発展を目指して勃興した学際領域である．この分野は，2016 年に著者の１人である富谷が理化学研究所の田中章詞氏と（いわゆる）囲碁 AI であるアルファ碁の活躍に驚嘆し，機械学習の凄さや物理学への応用可能性を感じて，研究をはじめたことが端緒の１つとなっている．日本国内でも，同様の趣旨の多くの研究がそれぞれ独立に立ち上がった．その後様々な研究交流が拡大し，国際的にも多くの研究者を巻き込んで，世界的に発展してきた．「学習物理学」という言葉は，2022年度に発足した，科学研究費助成事業学術変革領域研究（A）「『学習物理学』の創成」ではじめて用いられた造語である．領域の発足により，研究者の相互理解・交流も加速され，さらに多様な研究が開花し進展している．学習物理学分野の研究者人口は増え，学問の理解と体系化もさらに進んでいる．

社会的にも，2022年末からのChatGPTなどの生成AIの発展があり，研究環境や手法は劇的に進化している．それに伴い，入門的な教科書の出版も増えてきたが，一方で，このように進展の速い新分野では著者1人で分野全体の内容をカバーすることができないため，入門的な内容を系統立てて執筆し書籍化することは難しい．そこで，学習物理学領域を基盤として常時交流している専門家が集まり，学習物理学分野の全体を俯瞰しつつ，各専門家が最先端の内容を著したのが，本書である．

本書は，古代ギリシャ時代から連綿と続く「理論物理学」と「人工知能」という2分野の合流地点という最先端にある，学習物理学の入門書である．

2024年9月

富谷昭夫

『学習物理学入門』 AIボット

本書では，大規模言語モデル（GPTs）と共に学べるシステムを実装しています．著者の三内顕義が中心となって構築したAIは，読者の皆様と，本書の内容に基づいて対話をします．ぜひ，AIと共にAIを学んでください．

下記の朝倉書店ウェブページにおいてAIを無償公開しておりますので，アクセスしてください．

https://www.asakura.co.jp/detail.php?book_code=13152

- 当AIボットについてのお問い合わせについてはご返信できない場合がございます．ご了承ください．
- 当AIボットは事前の予告なくサービスを終了する可能性がございます．

目　　次

B 機械学習模型と物理学

イントロダクション

物理学の歴史は，工学的な発明や産業革命とともにあったといえる．ガリレオがその目で月や木星の衛星を覗くことができたのは，レンズ技術の発展に支えられてのことであった．それ以前にも多くの物理学者，天文学者が空を眺めていたが，レンズがなければ木星の衛星の発見，そして当時信じられていた天動説からの離脱には至らなかっただろう．

数々の産業革命は，常に物理学の進展をもたらした．18 世紀の第 1 次産業革命は，ニューコメンやワットによる蒸気機関の発明や改良をきっかけに進んだが，カルノーらによる熱力学の発展は，その理論的な枠組みを明らかにした．量子力学の初期の発展も，第 2 次産業革命に乗り遅れたドイツの工業化から火蓋を切って落とされた．鉄鋼炉の温度という非常に工学的な問題から，20 世紀科学を進歩させた量子力学が生まれたのである．量子力学は，現在ではスマートフォンやコンピュータのハードウエアの基礎となっている．この例は，最初は些細な応用上の問題だったと思われていた事柄が本質的な問題だった好例であろう．

1970 年代からはじまる第 3 次産業革命では，コンピュータの使用が一般化し，コンピュータ・シミュレーションを用いた計算物理学が産声を上げた．流体力学におけるロングタイムテール則，クォーク閉じ込めの数値計算など現在の理論物理には欠かせない分野がここから勃興してきた．今ではスーパーコンピュータ富岳でもこれらの計算がなされている一大分野となっている．コンピュータ，大規模計算機を使った物理学は現在では人間の手計算ではたどり着けない結果をもたらし，新たな分野として広く研究が進んでいる．

現在は，第 4 次産業革命の真っ只中にあるといわれている．そこで中心的な役割を果たすのが人工知能関連技術，機械学習である．元々は20世紀の中盤から，アラン・チューリング[1)]，ジョン・マッカーシー[2)]などの数学者・情報科学者によってはじめられた分野であるが，驚くべきことに，物理学との相性がよい．これは物理学者が機械学習を用いるからというだけでなく，逆に，機械学習を理解するのに物理学のアイデアが使えるから，ということもあるのである．本分野，**学習物理学**（Machine Learning Physics）は，そういった2つの異なる分野である物理学と機械学習の境界領域を，互いの視点で見渡してみようという新分野である．これは決して物理学帝国主義ということではなく，互いに寄り添う形で人類の知見を広げようという試みである．

物理学との関連以外にも，機械学習の自然科学への応用は，様々になされてきた．アルファ碁[3)]で一躍有名になったディープマインド社は，自然科学に機械学習を応用する研究を多く行っている．例えば，アルファフォルド[4)]は，タンパク質の折り畳みを計算するための，機械学習を用いたフレームワークである．タンパク質はアミノ酸の列で構成されているが，タンパク質の折り畳みの計算は非常に厄介である．というのも，それぞれの分子が電荷を持っていたり，疎水性であったり親水性であったりする上，さらに量子力学的な効果も含めて計算が必要になるからである．正しく折り畳まれてないタンパク質は機能を発現できない．そのため，この計算は実社会においても非常に望まれていた．アルファフォルド，アルファフォルド2，アルファフォルド3は従来法を大きく超える精度でタンパク質の立体構造・折り畳みを計算・予測することができた．また，アルファジオメトリー[5)]は，数学オリンピックレベルの幾何学の問題を解くための，機械学習を用いたフレームワークである．これは数学オリンピックレベルの問題を解くことができるため，今後の進展によっては数学分野での人工知能の活躍も期待できる可能性がある．他にもアルファテンソル[6)]と呼ばれる，線形代数演算の高速化を行うためのフレームワークも開発されている．このように，自然科学全体に対してインパクトのある研究が進んでいるのである．

学習物理学は，物理学と機械学習分野の学際領域として勃興しつつある新規の領域であり，本書はその入門書である．ここからはそれぞれの分野を紹介し，その概観について述べていこう．

理論物理学とは，物理実験から与えられたデータを元に，根源的なルールや構成要素を探り，それらを再現し，また新規現象を方程式から予言する枠組みであるといえる．現代物理学においては相対論的効果や量子力学をベースにした理論体系を用いることになる．理論物理学は，物性物理学と素粒子・原子核・宇宙物理学に大きく分けられる．どちらも基礎理論は量子力学となり，根源的なルールを探り当てる学問である．

物性物理学は，身の回りにあるような物質を対象とする分野であり，原子や分子がたくさん集まり，全体として新しい性質を示すことを明らかにする．すなわち，物質の構成や構造を理解し，新規物質の性質などを調べる．物性理論の花形の 1 つは超伝導現象であろう．超伝導とは，極低温などの極限的な条件で，金属をはじめとした物質の電気抵抗が 0 となる現象である．また超伝導状態は，マイスナー効果（Meissner effect）（磁場の遮蔽現象）も同時に示すという不思議な状態である．20 世紀の初頭に発見された現象であるが，現在でも様々な物質が超伝導を示すことが報告されており，研究が進められている．この他にも多くの物質の性質，例えば磁性なども興味の対象である．

素粒子・原子核・宇宙物理学，特に素粒子物理学は，さらにミクロな物質の根源を対象とする分野である．原子を構成しているのは，原子核と電子であるが，さらに根源的な物質であるクォークやレプトン，そしてそれらを統一的に記述するという超弦までもが興味の範囲となる．素粒子は，現在までに 17 種類が見つかっているが，これで発見は打ち止めなのか，それとも他に存在するのか，もし存在するのなら，なぜ必要なのか，などが議論される．そこでは，場の量子論と呼ばれる理論が基本言語となる．場の量子論は相対論と量子力学を基礎とした理論となっており，そこでは対称性が非常に重要となる．超弦理論から予言されているゲージ重力対応は，重力理論と量子論の等価性を主張しており，その研究も盛んにされている．

機械学習とは，データから機械（プログラム）が自動でデータの背景にある規則やパターンを発見する方法であるといえる．関連する分野としては，人工知能分野が挙げられるだろう．人工知能とは，人間の知的な振る舞いを再現するプログラム，ということであるが，現在まで完全には達成されていない．人工知能の実現方法には，色々と考えられるのだが，その中でも現在主流となっているのが，機械学習を用いた手法である．しかしながら，なぜうまく働くかは，数学的な意味では理解されていない．高次元のデータに基づく確率的・統計的な要因があること，学習のダイナミクスなど様々な要因があるため解析が

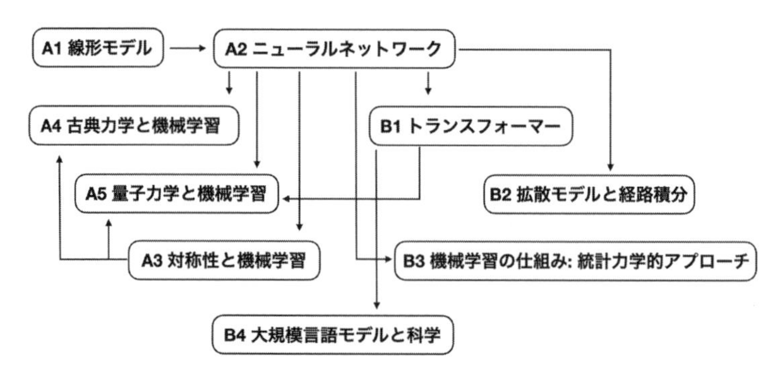

図 各章の相互関係を表す本書の地図.

難しいのである. これらの事柄は現在も国際的に活発な議論が進められている. その他にも, データに適応したよりよいニューラルネットの設計, 運用なども視野に入る. この分野でも知的な振る舞いをいかに再現するかなど様々な研究が数学をベースにした手法や実験をベースにした手法などで進められている.

学習物理学は, 物理学と機械学習分野の学際領域として勃興しつつある新規の領域であると述べた. 2 つの領域の境界ということで, 2 つの方向性が考えられる. 本書では, A, B というように分けている. A は, 主に理論物理学に機械学習を応用しようという分野であり, 既存手法ではみえなかった現象などを調べる手法として, 機械学習, 主にニューラルネットを用いる. このときに単にニューラルネットを使ってみるのではなく, 物理系の特殊性を考慮したネットワーク設計なども行う. B は, 理論物理学や数学の知見をニューラルネットの理解につなげようという分野である.

大学 2 年生程度の物理や数学の知識を前提として本書は書かれている. 以下では前半に A, 後半に B という順序で本書は進んでいくが, 本書の全体は, 図のようにそれぞれが相関配置されているので, 読者の求めに応じて読み進めてほしい[*1].

[*1] なお, 類書として以前に出版された『ディープラーニングと物理学』[7] (2019) や『物理学者, 機械学習を使う』[8] (2019) とは, 本書の内容はほとんど重複していない. 本書を読み学習物理学に興味を持った読者は, これらの類書を読み進めるのも楽しいだろう. 例えば, 物理学的に解釈した機械学習の各種手法や, 様々な物理学分野と機械学習の関係については前者[7] を, 具体的な各物理学分野トピックと機械学習の関係やそれらの研究の勃興の状況については後者[8] を参照していただくのがよいだろう.

今現在起こっている第 4 次産業革命において，物理学での大きな前進が読者から成し遂げられることを，望んでいる．　**[富谷昭夫]**

文　　　献

1) A. M. Turing, Computing Machinery and Intelligence, *Mind*, **59** (236), 433–460 (1950).
2) J. McCarthy, *et al.*, A Proposal for the Dartmouth Summer Research Project on Artificial Intelligence, August 31, 1955, *AI Magazine*, **27** (4), 12–14 (2006).
3) D. Silver, *et al.*, Mastering the game of Go with deep neural networks and tree search, *Nature*, **529**, 484–489 (2016).
4) J. Jumper, *et al.*, Highly accurate protein structure prediction with AlphaFold, *Nature*, **596**, 583–589 (2021).
5) T. H. Trinh, *et al.*, Solving olympiad geometry without human demonstrations, *Nature*, **625**, 476–482 (2024).
6) A. Fawzi, *et al.*, Discovering faster matrix multiplication algorithms with reinforcement learning, *Nature*, **610**, 47–53 (2022).
7) 田中章詞，富谷昭夫，橋本幸士，ディープラーニングと物理学——原理がわかる，応用ができる，講談社 (2019).
8) 橋本幸士編，物理学者，機械学習を使う——機械学習・深層学習の物理学への応用，朝倉書店 (2019).

A

機械学習と物理学

本書の前半であるAパートでは，機械学習の基本的な事項および物理への応用について説明する．まず線形モデルを用いて機械学習の枠組みを捉え（A1章），次にニューラルネットを導入する（A2章）．対称性は物理学において重要なキーワードであるが，ニューラルネットにおける対称性の利用および畳み込みニューラルネットがその一例となっていることも説明する（A3章）．そして古典力学でのニューラルネットの応用，および微分方程式との関連もこのパートで説明する（A4章）．このパートの締めくくりとして，ニューラルネットを用いた量子多体系の基底状態の計算手法について，具体的な計算手法も含めて説明する（A5章）．

A1
線形モデル

A1.1 最小2乗法と線形回帰

ここでは線形モデルを例に，最も単純な機械学習手法である線形回帰を説明しよう．まずは，最小2乗法に基づく手法を解説し，次に最尤法を用いた手法を説明する．途中で，凸関数とカルバック・ライブラーダイバージェンス（Kullback–Leibler divergence）（以下ではKLダイバージェンスと呼ぶ）についても導入し，KLダイバージェンスを用いて，最尤法の見直しも行う．最初に回帰問題の説明をするが，分類問題も大きな分野であるため，それについても本章で触れることにする．機械学習の分類があるがそれも説明する．機械学習ではデータについての用語が様々登場するため，それについても本章で解説する．

A1.1.1 最小2乗法

近似的に2次元に直線的に散布している N 個のデータ

$$\mathcal{D} = \Big\{(x_1, y_1),\ (x_2, y_2),\ (x_3, y_3),\ \ldots,\ (x_N, y_N)\Big\} =: \Big\{(x_i, y_i)\Big\}_{i=1}^{N} \quad \text{(A1.1)}$$

があったとする．ただし x_i, y_i はそれぞれ決まった実数とする．図で書くと図A1.1のようになる．原点を通る直線のように仮定するがこれは以下の議論を簡単にするためであり一般的には切片があってもよい．以下では，データが原点を通る直線のようになっているかは知らないものとして話を進める．

ここでデータの散布図をみて「このデータはきっと，切片なしの1次関数で書ける」と仮説を立て，このデータに対して

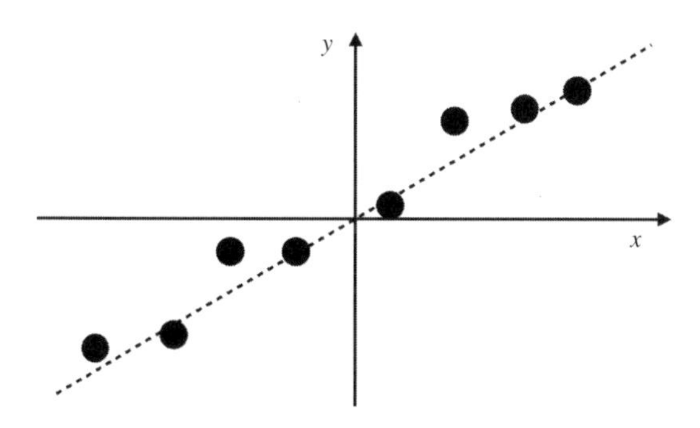

図 A1.1　仮想的なデータの分布．破線は見やすさのために引いたものであり，データを生成している直線とは限らない．

$$y = ax \tag{A1.2}$$

というモデルを当てはめたい．ただし a はデータから決まるパラメータである．データは与えられるものである一方，モデルは人間が直感や仮定（バイアス，思い込み）で作るものでありデータから決めることは難しい[*1)]．もしパラメータ a がデータから推定できれば，このモデルを使って未知の x' に対して y' が予測できるはずである．

このパラメータをどのように決めるべきだろうか．以下では，まず最小 2 乗法をみていく．直感的には，パラメータ a を調整し以下の量 $\mathcal{E}_{\mathcal{D}}(a)$ を最小化すればよい．

$$\mathcal{E}_{\mathcal{D}}(a) = \frac{1}{2N}\sum_{i=1}^{N}(ax_i - y_i)^2. \tag{A1.3}$$

これは各データ y_i とその予測値 ax_i の距離の 2 乗の合計値を測っているものである．これを**最小 2 乗誤差**（mean squared error）という．規格化定数 $1/2N$ に関してはこの他にも選ぶことができるが，ここでは後で便利なように選んだ．

もし 1 乗を足し上げても（$\mathcal{E}_{\mathcal{D}}(a)$ の最小値が存在しないので）意味がないこ

---

*1)　可能な限り頑張ったとしても，最終的にデータがどのように生成されているかはわからない．これは物理でもそうで，あくまで実験結果を説明できるモデルを想定しているだけである．機械学習の分野だとモデル選択といわれる行為に相当する．

とはすぐにわかるが，絶対値や 4 次以上ではないのは，うまい性質を満たさない場合があるからである．次に後の説明の準備として凸関数という用語を導入しておこう．

A1.1.2 凸　関　数

関数の重要な性質として凸関数を定義しておく．$f(x)$ が実数のある区間 $d = [x_1, x_2]$ で凸関数であることを定義したい．まず $\lambda \in [0,1]$ として，z が区間 d の点であるときには，λ をパラメータとして $z = (1-\lambda)x_1 + \lambda x_2$ と書ける．

関数 $f(x)$ が区間 d で下に凸であるというのは，重み付き平均 z の関数値 $f(z)$ が，関数の重み付き平均よりも大きいという不等式

$$f\big((1-\lambda)x_1 + \lambda x_2\big) \leq (1-\lambda)f(x_1) + \lambda f(x_2) \tag{A1.4}$$

で定義される．この不等式を満たす関数を凸関数であるという．図で書くと図 A1.2 のようになる．凸関数ではない例としては，一般の 3 次関数のようなもので，凹凸が色々な箇所にある．

特殊な場合として，$\lambda = 1/2$ とみると，凸関数の性質は，

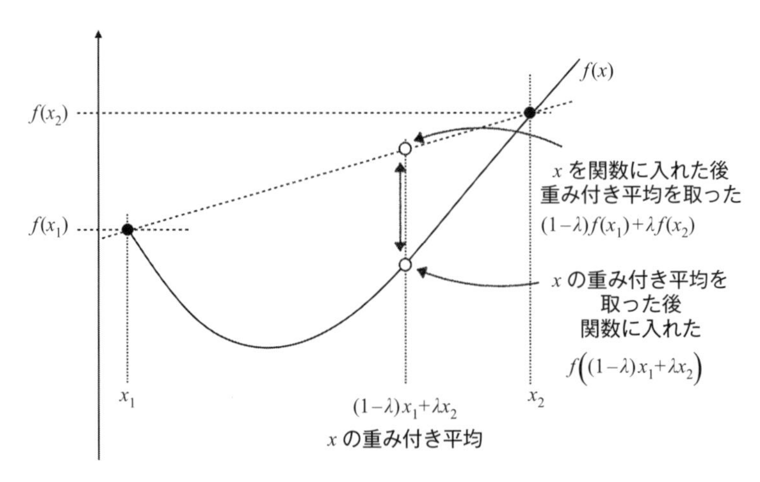

図 A1.2 凸関数の性質．重み付き和を関数に入れたものと，関数の値の重み付き和は異なり，一般に大小関係がある凸関数は特に大小関係によって特徴付けられる．

$$f\left(\frac{x_1+x_2}{2}\right) \leq \frac{f(x_1)+f(x_2)}{2} \tag{A1.5}$$

であり覚えやすい．関数が定義されている全区間において凸な関数の場合には単に凸関数であるという．同義な用語として，下に凸ともいう．凸関数である場合には最適化は簡単に行うことができる．上下をひっくり返した場合，凹関数であるとか，上に凸な関数であるという．

考える関数が十分滑らかであるときには条件は簡約化される．証明は割愛するが，凸関数であるというのは，2 階微分が非負であることとおなじである．つまり，$f(x)$ が凸であるとは，

$$f''(x) > 0 \tag{A1.6}$$

を満たすことである．

凸関数であるなら，ある $x = x_1$ において $f'(x_1) = 0$，$f''(x_1) > 0$ となっていれば，$x = x_1$ において大域的に最小化がなされている．

A1.1.3　多変数関数が凸である条件

ここでは十分滑らかな N 変数の多変数関数を考えることにする．独立変数は，x_i $(i = 1, 2, \ldots, N)$ とする．

滑らかな N 変数の多変数関数に対して凸関数であることを定義しよう．まず関数の偏微分から構成されるヘッセ行列（Hessian matrix）を

$$H_{ij} = \frac{\partial^2}{\partial x_i \partial x_j} f(x_1, \ldots, x_N) \tag{A1.7}$$

とする．引数を書いていないがヘッセ行列自体も多変数関数である．これを用いて，多変数関数が凸であるとは，ヘッセ行列 H の固有値がすべて非負であることとする[*2]．

A1.1.4　線 形 モ デ ル

この後の章で出てくるモデルは非線形なモデルばかりであるが，それを知る

[*2] ちなみに 1 変数と同様の重み付き平均の条件でもよい．その場合は x をベクトルとしてベクトルの重み付き平均を考えることになる．

には線形なモデルを理解しておく必要がある．

まず線形代数でいうところの線形な写像とは，以下であった．$\boldsymbol{x}, \boldsymbol{x}_1, \boldsymbol{x}_2$ をベクトルとし，a を実数としておく．このとき，ベクトルを引数とする関数 $f(\boldsymbol{x})$ が線形であるとは，

$$f(\boldsymbol{x}_1 + \boldsymbol{x}_2) = f(\boldsymbol{x}_1) + f(\boldsymbol{x}_2), \quad f(a\boldsymbol{x}) = af(\boldsymbol{x}) \tag{A1.8}$$

を満たすことである．ここで 1 次元ならば $y = ax$ は x に対して線形な関数であるが，$y = ax + b$ は x に対して線形ではないことに注意せよ．線形な写像で書ける変換を線形変換という．要するに比例の多変数への一般化である．

線形モデルとは，出力がパラメータに関して線形な関係を持つ統計モデルである．例えば

$$y = ax + b \tag{A1.9}$$

は線形モデルである．なぜなら，パラメータ a, b に対して線形であるからである．これはベクトルの内積として $y = (a, b) \cdot (x, 1)$ のように書けることからもわかる．さらに，

$$y = ax^2 + bx + c \tag{A1.10}$$

のような x に対しての非線形関数でもパラメータに対して線形であるため線形モデルと呼ぶことができる*3)．

データが多次元のベクトル $\boldsymbol{x}$ の場合，

$$\boldsymbol{y} = W\boldsymbol{x} \tag{A1.11}$$

は線形モデルである．ただし W はパラメータを要素に持つ行列である．

切片を加えた線形関数で実現できる変換をアフィン変換という．これは例えば，正方行列 $A = [a_{ij}]$ とベクトル $\boldsymbol{b}$ を用いて

$$\boldsymbol{y} = A\boldsymbol{x} + \boldsymbol{b} \tag{A1.12}$$

---

*3) ただし文献によっては入出力の関係が線形な場合のみを線形モデルと呼ぶ場合があるので注意が必要である．

のように書けるものである．この式自身は線形ではないが，A を拡張すると必ず $\boldsymbol{b}$ を埋め込めてしまうため，線形変換と区別されないことも多い．例えば，先のアフィン変換は

$$\begin{pmatrix} y_1 \\ y_2 \end{pmatrix} = \begin{pmatrix} a_{11} & a_{12} \\ a_{21} & a_{22} \end{pmatrix} \begin{pmatrix} x_1 \\ x_2 \end{pmatrix} + \begin{pmatrix} b_1 \\ b_2 \end{pmatrix} \tag{A1.13}$$

と書けるが，b_i を行列に組み込んで

$$\begin{pmatrix} y_1 \\ y_2 \end{pmatrix} = \begin{pmatrix} a_{11} & a_{12} & b_1 \\ a_{21} & a_{22} & b_2 \end{pmatrix} \begin{pmatrix} x_1 \\ x_2 \\ 1 \end{pmatrix} \tag{A1.14}$$

と書けることがわかり，実際に計算結果は等しくなる．これは線形変換である．以下でもこちらの表記を用いることがある．例えば，後の章で出てくるニューラルネットの学習などを定式化する際には統一的に書けるため便利である．

A1.1.5　最小 2 乗法の続き

最小 2 乗法に話を戻そう．$\mathcal{D} = \{(x_i, y_i)\}_{i=1}^N$ は与えられたデータで，x, y は定数であり，a が変数であったことに注意する．式 (A1.3) の $\mathcal{E}_{\mathcal{D}}(a)$ が a に対して 2 次関数であり，凸関数であるので a についての偏微分が 0 であれば，式 (A1.3) の $\mathcal{E}_{\mathcal{D}}(a)$ の最小化を達成でき，

$$0 = \frac{\partial}{\partial a}\mathcal{E}_{\mathcal{D}}(a) = \frac{1}{N}\sum_{i=1}^{N}(ax_i - y_i)x_i \tag{A1.15}$$

となる．これは簡単化することができ，

$$0 = a\frac{1}{N}\sum_{i=1}^{N}x_i^2 - \frac{1}{N}\sum_{i=1}^{N}y_i x_i \tag{A1.16}$$

となる．つまり a の推定値を $\hat{a}$ と書くと

$$\hat{a} = \frac{\sum_{i=1}^{N} y_i x_i}{\sum_{i=1}^{N} x_i^2} \tag{A1.17}$$

となる．最小 2 乗法では，式 (A1.3) の $\mathcal{E}_{\mathcal{D}}(a)$ を最小化することで係数を決定することができる．

A1.2 エントロピー

ここでは，確率分布に対して種々のエントロピーを導入する．まずは，シャノンエントロピー（Shannon entropy）を導入し，その後に機械学習でよく出てくる KL ダイバージェンス，物理学では相対エントロピーと呼ばれるものを導入する．

A1.2.1 確　率

ここで確率分布を導入しておく．確率分布 $\{p_i\}$ とは，$i = 1, 2, \ldots, n$ に対して，

$$\sum_{i=1}^{n} p_i = 1, \quad p_i \geq 0 \tag{A1.18}$$

を満たすものとしておく．一様なサイコロの場合は，$n = 6$ であり，i の目が出る確率を p_i とすると $p_i = 1/6$ である．これは確かに条件を満たしている．

連続的な変数に対しても確率分布を定めることができる．ある変数 x が $x + \mathrm{d}x$ の間にある確率を

$$p(x)\mathrm{d}x \tag{A1.19}$$

と書く．この $p(x)$ が確率密度と呼ばれるもので

$$\int_{\Omega} \mathrm{d}x \, p(x) = 1, \quad p(x) \geq 0 \tag{A1.20}$$

である．Ω は確率を考える変数の定義域とした．

ここで同時確率も定義しておこう．同時確率とは，2 つ以上の事象が同時に発生する確率のことである．数式では，2 つの事象 A と B の同時確率を $P(A \cap B)$ と表す．例として，コインを投げた結果とサイコロを振った結果の同時確率を考える．コインの表が出る事象を A，サイコロで「5」が出る事象を B とする．コ

インの表が出る確率は $P(A)=1/2$，サイコロで「5」が出る確率は $P(B)=1/6$ である．ここで，コインとサイコロの結果が互いに影響しないと仮定すれば，A と B は独立であり，その同時確率は

$$P(A \cap B) = P(A) \times P(B) = \frac{1}{2} \times \frac{1}{6} = \frac{1}{12} \tag{A1.21}$$

となる．つまり独立ならば，それぞれの発生確率を掛け合わせればよい．この計算により，コインが表であり，かつサイコロが「5」である確率が 1/12 であることが求められる．

A1.2.2 シャノンエントロピー

確率分布 $\{p_i\}$ に対して，シャノンエントロピーは，

$$S = -\sum_i p_i \log p_i \tag{A1.22}$$

と定義される．確率が $0 \leq p_i \leq 1$ なので $-\log p_i \geq 0$ であるので非負の量となる[*4]．

確率分布関数 $p(x)$ に対しては，

$$S = -\int_\Omega \mathrm{d}x \ \ p(x) \log p(x) \tag{A1.23}$$

をシャノンエントロピーと定義する．ただし Ω は $p(x)$ の定義域である．多変数の場合に対しても，同時確率を用いて定義できる．例えば 2 変数では，

$$S = -\int_\Omega \mathrm{d}x\mathrm{d}y \ \ p(x,y) \log p(x,y) \tag{A1.24}$$

のように定義する．これは，結合エントロピーとも呼ばれる．一般にシャノンエントロピーは非負の量である．

A1.2.3 相対エントロピー・KL ダイバージェンス

相対エントロピーは，機械学習において KL ダイバージェンスと呼ばれ，重

---

*4) フォン・ノイマンエントロピー（von Neumann entropy）は量子力学で出てくる密度行列 ρ で $p(x)$ を置き換えた $S = -\mathrm{tr}\,\rho \log \rho$ と定義されるもので，こちらも重要である．

要な役割を果たす．KL ダイバージェンスは確率分布間の距離のようなものであり，2 つの確率分布

$$\sum_i p_i = 1, \quad \sum_i q_i = 1 \tag{A1.25}$$

を満たす $p_i \geq 0, q_i \geq 0$ に対して KL ダイバージェンスは，

$$D_{\mathrm{KL}}(p||q) = \sum_i p_i \log \frac{p_i}{q_i} = \mathbb{E}[\log(p/q)] \tag{A1.26}$$

と定義される[*5]．$-\log(x)$ は下に凸なので，これは非負であることが証明できる．その証明にはイェンセンの不等式（Jensen's inequality）が使える．

$-\log(x)$ に対するイェンセンの不等式を使うために対数関数の内側の分母と分子を入れ替えて

$$D_{\mathrm{KL}}(p||q) = -\mathbb{E}[\log(q/p)] \tag{A1.27}$$

としておこう．以下で説明するイェンセンの不等式の定義式において，x_i を q_i/p_i，$f(x)$ を $-\log(x)$ と選ぶと

$$-\mathbb{E}[\log(q/p)] = -\sum_i p_i \log \frac{q_i}{p_i} \tag{A1.28}$$

$$\geq -\log\left(\sum_i \cancel{p_i} \frac{q_i}{\cancel{p_i}}\right) \tag{A1.29}$$

$$= -\log \underbrace{\left(\sum_i q_i\right)}_{=1} = 0 \tag{A1.30}$$

となる．最初の左辺は KL ダイバージェンスの定義そのものである．よって，

$$D_{\mathrm{KL}}(p||q) \geq 0 \tag{A1.31}$$

となり，KL ダイバージェンスは非負であることがわかる．

KL ダイバージェンスは，距離のように 2 つの確率分布の離れ具合を評価す

---

*5) $q_i = 0$ となっている場合は例えば正の小さい量 ϵ を加えるなど適当に正則化すればよい．

る指標であるが一般に $D_{\mathrm{KL}}(p||q) \neq D_{\mathrm{KL}}(q||p)$ であるため，引数の入れ替えに対する対称性がない．このため距離の公理を満たさず，距離と呼ぶのは本来的には不適切である．一方で KL ダイバージェンスは，非退化性を満たす．すなわち $D_{\mathrm{KL}}(p||q) = 0$ となるのは，すべての i について $p_i = q_i$ となる以外にない．つまり KL ダイバージェンスは距離の一部の性質を満たしている．そのため KL ダイバージェンスは KL 距離と呼ばれる場合もある．

A1.2.4 イェンセンの不等式

ここでは，凸関数の性質の 1 つとしてイェンセンの不等式を説明しておく．これは凸関数の性質の一般化であり，凸関数はイェンセンの不等式を満たす．まず区間 d に入っている $N \geq 2$ 個の実数を

$$x_1, x_2, \ldots, x_N \in d \tag{A1.32}$$

と取ってくる．また

$$\lambda_i \geq 0, \quad \sum_{i=1}^{N} \lambda_i = 1 \tag{A1.33}$$

という N 個の λ_i を取ってくる．このとき，凸関数 $f(x)$ に対して

$$\sum_{i=1}^{N} \lambda_i f(x_i) \geq f\left(\sum_{i=1}^{N} \lambda_i x_i\right) \tag{A1.34}$$

という**イェンセンの不等式**が成立する．$N = 2$ の場合は凸関数の定義そのものである．証明は割愛するが，数学的帰納法による．特に λ_i を確率 p_i と同定した場合，

$$\sum_{i=1}^{N} p_i f(x_i) \geq f\left(\sum_{i=1}^{N} p_i x_i\right) \tag{A1.35}$$

となるが，期待値の定義

$$\mathbb{E}[f(x)] = \sum_{i} p_i f(x_i) \tag{A1.36}$$

を用いると，凸関数 $f(x)$ に対しては，

$$\mathbb{E}[f(x)] \geq f\left(\mathbb{E}[x]\right) \tag{A1.37}$$

という期待値に対しての不等式が成立する．

A1.2.5 ガウス分布

物理の実験で起こるランダムな誤差は，ガウス分布（Gaussian distribution）に従うことが知られている．一般に平均値 μ，分散 σ^2 のガウス分布とは，実数 x に対して

$$p^{(\mathrm{G})}(x) = p^{(\mathrm{G})}_{\{\mu,\sigma^2\}}(x) = \frac{1}{\sqrt{2\pi\sigma^2}} \exp\left(-\frac{1}{2\sigma^2}(x-\mu)^2\right) \tag{A1.38}$$

となる確率分布[*6)]であり，

$$\int_{-\infty}^{\infty} \mathrm{d}x \;\; p^{(\mathrm{G})}(x) = 1 \tag{A1.39}$$

のように規格化されている．$e = 2.718\cdots$ はネイピア数（Napier's constant）であり，$e^x = \exp(x)$ とする．

後のために負の対数を取っておくと，

$$-\log p^{(\mathrm{G})}_{\{\mu,\sigma^2\}}(x) = \frac{1}{2\sigma^2}(x-\mu)^2 + \frac{1}{2}\log(2\pi\sigma^2) \tag{A1.40}$$

となる．

乱数については，A1.7 節で説明するが，ガウス分布に従う乱数をガウス乱数という．独立なガウス乱数が $\mathcal{D} = \{\epsilon_1,\ \epsilon_2,\ \ldots,\ \epsilon_N\}$ のように N 個あったとする．これらは異なる平均値 μ_i を持ち，同じ分散 σ^2 を持っているとする．このときの $\mathcal{D}$ の同時分布は，独立であることから確率の積の法則を用いて

$$\begin{aligned} p^{(\mathrm{G})}(\epsilon_1,\ \epsilon_2,\ \ldots,\ \epsilon_N) &= \frac{1}{\sqrt{2\pi\sigma^2}} \exp\left(-\frac{1}{2\sigma^2}(\epsilon_1-\mu_1)^2\right) \\ &\quad \times \cdots \times \frac{1}{\sqrt{2\pi\sigma^2}} \exp\left(-\frac{1}{2\sigma^2}(\epsilon_N-\mu_N)^2\right) \end{aligned}$$

---

*6) 正確には確率密度であり，$p^{(\mathrm{G})}(x)\mathrm{d}x$ が確率分布になっている．

$$= \left(\frac{1}{\sqrt{2\pi\sigma^2}}\right)^N \prod_{i=1}^{N} \exp\left(-\frac{1}{2\sigma^2}(\epsilon_i - \mu_N)^2\right) \quad \text{(A1.41)}$$

と書ける．もし分散が異なっていても同じように総乗記号を用いて書くことができる．

ガウス分布に限らず，データが同一の独立な確率分布からサンプルされている場合，それを iid (independent and identically distributed) であるという．機械学習では，データが iid であることが仮定されていることが多い．iid でない場合にはどのようにデータが生成されたかを具体的に知る必要があり，解析は難しくなる．

A1.3 最 尤 推 定

ここでは，数理的なモデルが与えられたデータに適合しているかを調べ，データに適合するモデルの最適なパラメータを調べる手法である最尤推定を説明する．

A1.3.1 尤 度 関 数

誤差 ϵ を含む回帰モデルとして $y = ax + \epsilon$ とする．つまり $\epsilon = ax - y$ とする．そして ϵ の平均値は 0 で，データごとに独立なガウス分布に従っているとする．このとき，N 個の独立なデータがあったとすると ϵ_i の同時確率は，

$$p^{(\mathrm{G})}(\epsilon_1,\ \epsilon_2,\ \ldots,\ \epsilon_N) = \left(\frac{1}{\sqrt{2\pi\sigma^2}}\right)^N \prod_{i=1}^{N} \exp\left(-\frac{1}{2\sigma^2}(ax_i - y_i)^2\right) \quad \text{(A1.42)}$$

である．条件付き確率としてみる，つまり $\boldsymbol{x}, a, \sigma^2$ を与えたときの $\boldsymbol{y}$ の分布というふうにみると，

$$p(\boldsymbol{y}|\boldsymbol{x}, a, \sigma^2) = \left(\frac{1}{\sqrt{2\pi\sigma^2}}\right)^N \prod_{i=1}^{N} \exp\left(-\frac{1}{2\sigma^2}(ax_i - y_i)^2\right) \quad \text{(A1.43)}$$

となる．これを a, σ^2 をパラメータとする関数とみた場合，尤度関数と呼ぶ．すなわち，尤度関数は

$$\left(\frac{1}{\sqrt{2\pi\sigma^2}}\right)^N \prod_{i=1}^N \exp\left(-\frac{1}{2\sigma^2}(ax_i - y_i)^2\right) \tag{A1.44}$$

を y の関数として実数に値を取る関数として定義する．$p(\boldsymbol{y}|\boldsymbol{x}, a, \sigma^2)$ を最大化するパラメータの決定手法のことを最尤法という．数理的な理由付けは，A1.3.2 項にて KL ダイバージェンスを用いて説明する．

最尤法を実行するには，$p(\boldsymbol{y}|\boldsymbol{x}, a, \sigma^2)$ の対数を取ったものをみるのが便利である．つまり，ここでは a を決めるだけであれば

$$-\log p(\boldsymbol{y}|\boldsymbol{x}, a, \sigma^2) = \sum_{i=1}^N \frac{1}{2\sigma^2}(ax_i - y_i)^2 + \mathrm{const} \tag{A1.45}$$

を用いればよいということである．ただし第 2 項は，a に依存しない項を表す．尤度を最大化する a は，この式を a で微分して 0 とおくことで

$$\hat{a} = \frac{\sum_i x_i y_i}{\sum_i x_i^2} \tag{A1.46}$$

と推定できる．

この結果をみると，最小 2 乗法とガウス分布を誤差関数としたときの最尤法の回帰の結果が一致することがわかる．しかし最小 2 乗法は最尤法とは異なり，誤差の分布を仮定して導出するものではない．そのため誤差の分布にかかわらず使うことは可能である（よい結果が出るかは不明であるが）．

A1.3.2 KL ダイバージェンスからの最尤法

ここでは，KL ダイバージェンスの最小化という視点で最尤法を見直すことにする．まず記法を整理する．N 個あるデータを $\mathcal{D} = \{(x_n, y_n)\}_{n=1}^N$ としたとき，データの分布は

$$q^{(\mathrm{data})}(x, y) = \frac{1}{N}\sum_{n=1}^N \delta(x - x_n)\delta(y - y_n) \tag{A1.47}$$

のように書ける．また x の分布は

$$q^{(\mathrm{data})}(x) = \frac{1}{N}\sum_{n=1}^N \delta(x - x_n) \tag{A1.48}$$

となる．このときの条件付き確率は，

$$q^{(\mathrm{data})}(x,y) = q^{(\mathrm{data})}(y|x)q^{(\mathrm{data})}(x) \tag{A1.49}$$

と定義される．

与えられたデータの分布 $q^{(\mathrm{data})}(y|x)$ とモデルの分布 $p(y|x,\theta)$ の KL ダイバージェンスの $q^{(\mathrm{data})}(x)$ の下での期待値は，

$$\begin{aligned}
&\mathbb{E}_{q^{(\mathrm{data})}(x)}\left[D_{\mathrm{KL}}\left(q^{(\mathrm{data})}(y|x)\middle|\middle|p(y|x,\theta)\right)\right] \\
&= \int \mathrm{d}x q^{(\mathrm{data})}(x)\left[\int \mathrm{d}y\, q^{(\mathrm{data})}(y|x)\log\frac{q^{(\mathrm{data})}(y|x)}{p(y|x,\theta)}\right]
\end{aligned} \tag{A1.50}$$

となる．これが最小化されれば，モデルの分布がデータの分布とうまくあっているということになる．そこで，この右辺を計算していく．まずは対数関数を分けて

$$\begin{aligned}
(\mathrm{RHS}) &= \underbrace{\int \mathrm{d}x\mathrm{d}y\, q^{(\mathrm{data})}(x,y)\log q^{(\mathrm{data})}(y|x)}_{=-S\geq 0\ (\text{定数})} \\
&\quad - \int \mathrm{d}x\mathrm{d}y\, q^{(\mathrm{data})}(x,y)\log p(y|x,\theta) \\
&= -S - \int \mathrm{d}x\mathrm{d}y\, q^{(\mathrm{data})}(x,y)\log p(y|x,\theta)
\end{aligned} \tag{A1.51}$$

となる．ここで S はモデルのパラメータを含まない定数である．第 2 項にデータ分布の表式を入れると

$$\begin{aligned}
(\mathrm{RHS}) &= -S - \int \mathrm{d}x\mathrm{d}y\, \frac{1}{N}\sum_{n=1}^{N}\delta(x-x_n)\delta(y-y_n)\log p(y|x,\theta) \\
&= -S \underbrace{- \frac{1}{N}\sum_{n=1}^{N}\log p(y_n|x_n,\theta)}_{\text{負の対数尤度の経験的な期待値}}
\end{aligned} \tag{A1.52}$$

を得る．第 2 項は，負の対数尤度の経験的な期待値である．定数を左辺に移項してまとめると

$$\mathbb{E}_{q^{(\mathrm{data})}(x)}[D_{\mathrm{KL}}(q^{(\mathrm{data})}(y|x)||p(y|x,\theta))] + \underbrace{(+S)}_{\text{正の定数}} = \underbrace{-\frac{1}{N}\sum_{n=1}^{N}\log p(y_n|x_n,\theta)}_{\text{負の対数尤度の経験的な期待値}} \tag{A1.53}$$

となる．すなわち，与えられたデータの下で θ を調整して KL ダイバージェンスを最小化することは，尤度を最大化するのと同様であることがわかる．

最尤法のセットアップに合わせて具体化していこう．$\epsilon = ax - y$ という変数を定義する．これは予測の誤差に対応するものである．これが平均 0 のガウス分布に従っていると仮定すると，

$$-\log p^{(\mathrm{G})}_{\{0,\sigma^2\}}(\epsilon) = \frac{1}{2\sigma^2}\epsilon^2 + \frac{1}{2}\log(2\pi\sigma^2) = \frac{1}{2\sigma^2}(ax-y)^2 + \frac{1}{2}\log(2\pi\sigma^2) \tag{A1.54}$$

となる．つまり今の場合には，モデルパラメータに依存しない部分を定数としてまとめておくと

$$\mathbb{E}_{q^{(\mathrm{data})}(x)}[D_{\mathrm{KL}}(q^{(\mathrm{data})}(y|x)||p(y|x,\theta))] + \mathrm{const} = \frac{1}{\sigma^2}\frac{1}{2N}\sum_{i=1}^{N}(ax_i - y_i)^2 \tag{A1.55}$$

となる．一方で，左辺の第 2 項の定数はモデルパラメータ a に依存しないため結局，

$$\mathcal{E}_{\mathcal{D}}(a) = \frac{1}{2N}\sum_{i=1}^{N}(ax_i - y_i)^2 \tag{A1.56}$$

を最小化すれば，与えられたデータの範囲内で KL ダイバージェンス（の期待値）が最小化されることになる．

A1.4 一般化線形モデル

A1.4.1 2 値分類とロジスティック回帰

ここでは 2 値分類を例題を用いて導入する．まずデータセットを

$$\mathcal{D} = \Big\{(x_1,t_1),\ (x_2,t_2),\ (x_3,t_3),\ \ldots,\ (x_N,t_N)\Big\} =: \Big\{(x_i,t_i)\Big\}_{i=1}^{N} \tag{A1.57}$$

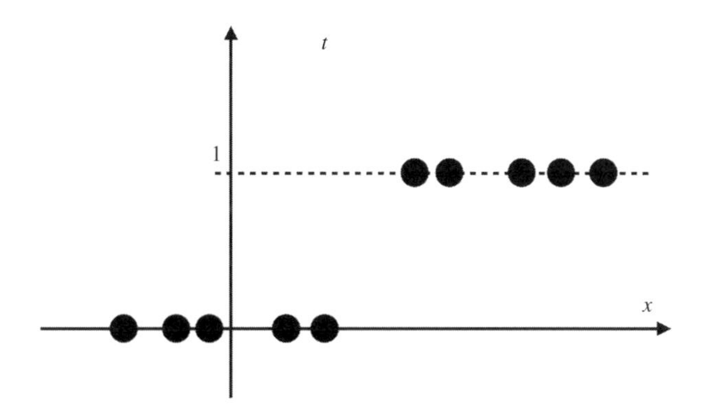

図 A1.3　仮想的な 2 値データの分布．

としよう（図 A1.3）．ただし t_i は 0 か 1 かを与えるラベルである．このままでは先ほどのように線形モデルでの回帰ではフィットすることができない．そこでデータを線形な形に変換してから線形な関数を用いてフィットすることにしよう．それにはロジット関数という以下の関数

$$g(t) = \log\left(\frac{t}{1-t}\right) \tag{A1.58}$$

を用いて行うことができる．ここで，$t \in (0, 1)$ である．等価ではあるが，x の方をロジット関数の逆関数を用いて変換することでも達成することができる．以下では，x を変換する手法を用いることにしよう．

ロジット関数の逆関数は**ロジスティック関数**（logistic function）もしくは**シグモイド関数**（sigmoid function）と呼ばれており，

$$\sigma_{\mathrm{sig}}(x) = \frac{1}{1+e^{-x}} \tag{A1.59}$$

である．データセット $\{(x_i, t_i)\}_{i=1}^{N}$ をフィットするには，$g(x) = ax + b$ として，

$$f_\theta(x) = \sigma_{\mathrm{sig}}(g(x)) = \sigma_{\mathrm{sig}}(ax + b) \tag{A1.60}$$

でフィットを行う．ただし $\theta = \{\theta_1, \theta_2\} = \{a, b\}$ である．$f_\theta(x)$ は $x \in \mathbb{R}$ に対して作用し，$[0, 1]$ の値を返す関数となる．このような分類問題を解くときに用いる誤差関数は交差エントロピー（cross entropy，A1.4.2 項を参照），

$$\mathcal{E}_{\mathcal{D}}(a,b) = -\sum_{i=1}^{N}\Big(t_i \log f_\theta(x_i) + (1-t_i)\log\big(1-f_\theta(x_i)\big)\Big) \tag{A1.61}$$

を用いる．このような離散的なラベルに対してのフィットを行う問題を分類という．これを線形モデルの回帰と同じく，誤差関数を小さくするように微分を用いてパラメータを調整する．

具体的に計算を進めるために，第 1 項についてその微分をみてみよう．第 1 項は，

$$[\mathcal{E}_{\mathcal{D}}(a,b)]_{\rm 1st} = -\sum_{i=1}^{N} t_i \log f_\theta(x_i) \tag{A1.62}$$

と書くことにしよう．まずパラメータでの微分を $\partial/\partial\theta_i$ と書くことにすると，

$$\begin{aligned}\frac{\partial}{\partial\theta_i}[\mathcal{E}_{\mathcal{D}}(a,b)]_{\rm 1st} &= -\sum_{i=1}^{N} t_i \frac{\partial}{\partial\theta_i}\log f_\theta(x_i) \\ &= -\sum_{i=1}^{N} t_i \frac{1}{\sigma_{\rm sig}(g(x_i))}\frac{\partial f_\theta(x_i)}{\partial\theta_i}\end{aligned} \tag{A1.63}$$

ここで，$f_\theta(x) = \sigma_{\rm sig}(g(x))$ を用いた．さらに連鎖律を使うと

$$\frac{\partial f_\theta(x)}{\partial\theta_i} = \frac{\partial\sigma_{\rm sig}(g)}{\partial g}\frac{\partial g(x)}{\partial\theta_i} \tag{A1.64}$$

である．また，

$$\frac{\partial\sigma_{\rm sig}(g)}{\partial g} = \sigma_{\rm sig}(g)(1-\sigma_{\rm sig}(g)) \tag{A1.65}$$

という形になる．まとめると，

$$\frac{\partial}{\partial\theta_i}[\mathcal{E}_{\mathcal{D}}(a,b)]_{\rm 1st} = -\sum_{i=1}^{N} t_i\big(1-\sigma_{\rm sig}(g(x_i))\big)\frac{\partial g(x)}{\partial\theta_i} \tag{A1.66}$$

となる．第 2 項も同様である．これは最小 2 乗法の枠組みのように方程式を解くだけでは最小値は求まらないことを意味している．そのため次章で説明する勾配法，もしくはニュートン法（Newton's method）を用いることになる．

A1.4.2 交差エントロピーの起源

ここで交差エントロピーの起源をみてみよう．交差エントロピーを指数関数に乗せると以下のように変形することができる．

$$
\begin{aligned}
L_{\mathcal{D}}(\theta) &= e^{-\mathcal{E}_{\mathcal{D}}(a,b)} \\
&= \prod_{i=1}^{N} \exp\Big(t_i \log f_\theta(x_i) + (1-t_i)\log\big(1 - f_\theta(x_i)\big)\Big) \\
&= \prod_{i=1}^{N} \Big(f_\theta(x_i)\Big)^{t_i} \Big(\big(1 - f_\theta(x_i)\big)\Big)^{1-t_i}.
\end{aligned}
\tag{A1.67}
$$

これは尤度関数になっており，最大になるようにパラメータ $\theta = \{a, b\}$ を調整することになる．確率分布としてみると，これはベルヌーイ分布（Bernoulli distribution）であり，$t = 0$ か $t = 1$ の 2 択の分布となっている．ベルヌーイ分布とは，$t = 0, 1$ とし，$t = 1$ が出る確率を p としたときに

$$
p^t (1-p)^{1-t} \tag{A1.68}
$$

となる分布である．f_θ は，$t = 1$ のデータの発生確率 p を模倣することになる．

A1.5 機械学習の分類

ここでは後の章のために機械学習の分類について触れておこう．機械学習は，行いたいことによって大きく 3 つに分けられる．

1）教師あり学習（主に回帰と分類）

2）教師なし学習

3）強化学習

教師あり学習は，回帰問題や分類問題のように，すでに $\boldsymbol{x}$ に対して $\boldsymbol{y}$ が定まっており，その応答を模倣・近似する関数を作ることを目的とする．一方で教師なし学習は，$\boldsymbol{x}$ のみが与えられている状況で，$\boldsymbol{x}$ の特徴を調べるものである．例えばデータをクラスタに分割するクラスタリングなどである．

強化学習は，上記 2 つとは少し異なる手法である．強化学習は，環境とエージェントと呼ばれる自由度があるもので，典型的にはテレビゲームのプレイな

どがある．その場合には，ゲームが環境であり，エージェントがプレーヤーである．プレーヤーはゲームをクリアするために操作を行い，何らかの形で報酬が得られるわけである．その報酬の期待値を最大化する行動を経験から導くのが強化学習である．

この分類は，機械学習の文脈で議論するときによく用いられるが，一方で手法によっての分類ではないことに注意しよう．例えば，次章で説明するニューラルネットは教師あり学習だけでなく，強化学習などにも用いることができる．

A1.6 汎化・過学習と未学習

教師あり学習は，既知のデータから関数を推測する枠組みであるといえ，達成したい目標は，未知のデータに対してもよい応答をしてくれること（**汎化**，generalization）である．このときに既知のデータだけに当てはまる特徴，つまりそのデータ固有のノイズなどを反映した関数を作成できたとしても意味がない．このように与えられたデータのみに当てはまってしまい，与えたデータ以外のデータによい応答をしない状態になってしまうことを**過学習**（over-fitting）という．

線形モデルの場合，過学習を防ぐ場合にはデータ数はパラメータ数より多い必要がある．一方で非線形な場合には一般論はない．次章で紹介するニューラルネットはパラメータが非常に多く，過大パラメータ領域にあるといわれている．

一方でパラメータ数が少なすぎる場合にも問題が起こる．例えば，2 次関数のように分布しているデータに対して 1 次関数としてフィットしたとしてもうまく当てはまることはない．関数としての表現力が足りていないのである．このような場合を，**未学習**（under-fitting）という．

過学習と未学習，どちらの場合でも未知データへの当てはまりが悪くなってしまうため，ちょうどいい領域を探す必要がある．

教師あり学習を行う場合，過学習を検出する必要がある．そのため，データ数 N のデータセットを

$$\mathcal{D} = \left\{ (\boldsymbol{x}^{(i)}, \boldsymbol{y}^{(i)}) \right\}_{i=1}^{N} \tag{A1.69}$$

とするとき，以下のようにデータセットを分割し使用する．

1）訓練データ（training data）：　パラメータ θ の調整用のデータ．
2）検証データ（validation data）：　ハイパーパラメータの調整用のデータ．
3）テストデータ（test data）：　モデルの汎化性能評価（過学習の検出）用のデータ．

すなわち

$$\mathcal{D} = \mathcal{D}^{\mathrm{train}} \cup \mathcal{D}^{\mathrm{valid}} \cup \mathcal{D}^{\mathrm{test}} \tag{A1.70}$$

のように分解する．ここで**ハイパーパラメータ**（hyperparameter）とは，学習の中で決定されないパラメータのことをさす．誤差関数を用いていえば，$E_{\mathcal{D}^{\mathrm{train}}}$ を繰り返し用いてパラメータ θ を調整し，その後 $E_{\mathcal{D}^{\mathrm{valid}}}$ を用いてハイパーパラメータを調整する．それを繰り返し，パラメータとハイパーパラメータを調整する．最後に $E_{\mathcal{D}^{\mathrm{test}}}$ を用いてモデルの汎化性能を評価することで過学習が起こっていないかを検出することができる．

A1.7 乱　数

A1.7.1 乱数とは

この章の最後に，乱数とその生成法について手短に触れておく．これは後に出てくるニューラルネットの初期化に使うものである．

乱数の定義は難しいが，ここで乱数とは，ある数列 $r_1, r_2, r_3, \ldots, r_n$ から次の数 r_{n+1} が予測できない場合の数列，もしくは，その数列に含まれるそれぞれの数をさすことにする．このように乱数を定義したとき，乱数は 2 つに分類することができる．1 つは本当に規則性を持たず，完全にランダムな数列の真の乱数である．もう 1 つは一見ランダムにみえるが数学的アルゴリズムによって生成される疑似乱数である．

コンピュータは決定論的に動作するため，特別な装置を使わない限り真の乱数を作ることはできない．モンテカルロ積分法の開発者であるジョン・フォン・ノイマンは，“Anyone who considers arithmetical methods of producing random digits is, of course, in a state of sin.”（乱数を生成するために算術的手法を考える者は，いうまでもなく過ちを犯している）[1)] と述べているが，実用上はプログラムに従って疑似乱数を生成することになる．

疑似乱数は，特定の初期値（シード値）から出発して決定論的に数列を生成する．そのためシード値がわかれば同じ数列を再現することが可能である．疑似乱数は，真の乱数とは異なるが再現性が求められる状況で有用であり，また真の乱数に比べて一般的に低コストである．加えて疑似乱数は真の乱数のモデル化・近似であるものの，使用する範囲で乱数とみなせるならば問題がない．

疑似乱数は，偏りがなく無相関性を持ち，周期が長く計算効率が高いものがよいとされる*7)．TestU01[3] などの統計的テストライブラリを使用して，その品質を評価することができる．このテストにパスしていれば実用上問題なく乱数として使うことができる．以降，乱数と言及される場合には，特に明記がない限り疑似乱数をさすと解釈してよい．

A1.7.2 一 様 乱 数

$x \in [0, 1)$ に一様な確率で発生する乱数を一様（実）乱数という．区間 $[0, 1)$ 上での一様乱数の確率密度関数 $p(x)$ は，次のように表される．

$$p(x) = \begin{cases} 1 & \text{if } 0 \leq x < 1 \\ 0 & \text{otherwise} \end{cases}. \tag{A1.71}$$

この式は，x が区間 $[0, 1)$ 内にある場合には密度が一定で 1 であることを示し，それ以外の x については 0 となっている．このように，区間内での確率が均一（すなわち「一様」）であることが表現されている．

数値計算関係の教科書に載っている線形合同法は教育的であるが実際には使ってはいけない．実際に使われている一様乱数の発生の有名なアルゴリズムは，メルセンヌ・ツイスタ[4] や xorshift[5] そしてその亜種である xoroshiro128++[6] などが知られている．線形合同法を使ってはいけない主な理由として多次元で規則的に分布するという性質や周期の短さなどが挙げられる．しかしながら線形合同法は乱数生成のイメージを掴みやすいので，ここでは最も簡単な例として紹介だけ行う．

線形合同法は次のようなアルゴリズムである．3つの実定数を a, b, M とする．

---

*7) 多くの疑似乱数の発生法は決定論的な手続きで行われるため，同じ数の並びが再度出現するという周期性を持つ．周期の短い疑似乱数を使うと，それはもはや乱数とはみなせない．また偏りがあると物理量などがずれてしまうことがある．よい疑似乱数を使わないと何が起こるかは，例えば文献[2] で報告されている．

ただし $M>a$, $M>b$, $a>0$, $b\geq 0$ である．整数の疑似乱数を r_n $(n=1,2,\ldots)$ として

$$r_{n+1} = (ar_n + b) \bmod M \tag{A1.72}$$

のように順々に生成することができる．ここで mod は余りを表す記号である．一般に M 以下の非負の整数を生成する乱数発生アルゴリズムがあるとき，実数 $x \in [0,1)$ の一様乱数がほしければ，r_n は 0 から $M-1$ の範囲の値を取るため M で割って r_n/M を使えばよい．繰り返すが，線形合同法は乱数生成のアルゴリズムとしては質が低いため，乱数を作るには，よく知られた質のよい乱数生成アルゴリズム・ライブラリを使うべきである．バグが混入しても気づきにくいため専門家でもない限り間違っても自作をしてはいけない．

A1.7.3 ガウス乱数

一様乱数が与えられていたとき，ガウス分布に従う乱数であるガウス乱数に変換することができる．X, Y を区間 $(0,1)$ に分布する一様乱数とする*8)．このとき

$$Z_1 = \sqrt{-2\log X}\cos 2\pi Y, \tag{A1.73}$$

$$Z_2 = \sqrt{-2\log X}\sin 2\pi Y \tag{A1.74}$$

を Box–Muller 変換という．この変換により，Z_1 と Z_2 は平均 0，分散 1 の標準正規分布に従う独立な乱数となる．Box–Muller 変換はわかりやすいが，根号や三角関数が使われているため，動作が少し遅い．そのため現代的には Ziggurat 法（ジッグラト法）[7,8]*9) と呼ばれる高速な手法が使われることも多い．

●まとめ

本章では，線形モデルを紹介し，最小 2 乗法，最尤法との関係を議論した．一般化線形モデルの使用例としてロジスティック回帰も紹介した．データセット

---

*8) Y は 0 となってもよいが X は 0 となると対数関数が発散してしまう．X が 0 となる確率は非常に低いため，実用的には X が変数の型の最小値を下回るようならやり直せばよい．

*9) ジッグラトとは，メソポタミア周辺の古代都市に設けられた階層状の塔のことである．

の分類の分解にも言及した．最後に疑似乱数を導入した．次章ではニューラルネットを導入し，フィット性能という観点での改良を行う．

コラム　ガウスの発明

19世紀の巨人，ガウスはコンピュータが発明される前に様々な工学的な手法を発明していた．彼は数学者として紹介されることが多いが，彼はゲッティンゲン大学天文台の天文台長であり，肩書としては，物理学者・天文学者に近かった．彼は数学にも多様体の理論につながる曲面論など数え切れない偉大な業績があるが，それについては数学書を参照してほしい．

ガウスの発明として知られる有名なアルゴリズムとして，最小2乗法と高速フーリエ変換がある．これらは現在の数値計算分野では非常に活発に使われているアルゴリズムであり，特に最小2乗法は物理学科では必ず学ぶアルゴリズムである．これらは電卓やコンピュータが当たり前の現在では，発明に疑問を持たないが，彼の生きた19世紀にはもちろんそんなものはない．彼がそれらのアルゴリズムを研究した理由として小惑星の運動の解析があった．天文台長として，宇宙を調べ，その軌道計算の簡略化として，よりよい手法を考えた末に思いついたらしい．つまりは「必要は発明の母」の歴史的な一例となっている．ひるがえって，数々の機械学習手法や複雑な仕組みのニューラルネットワークを考えてみよう．これらは，現代の科学に現れる複雑なデータをうまく使う仕組みになっている．最小2乗法や高速フーリエ変換，さらに他のガウスの発明も後々に様々な形で応用されたことを鑑みると，学習物理の研究の中で発見された手法も科学の中で進化し発展していくのではないかと思う．

[富谷昭夫]

文　献

1) J. von Neumann, Various Techniques Used in Connection With Random Digits, *J. Res. Nat. Bur. Stand. Appl. Math. Series*, **3**, 36–38 (1951).

2) A. M. Ferrenberg, D. P. Landau, and Y. Joanna Wong, Monte Carlo simulations: Hidden errors from “good” random number generators, *Phys. Rev. Lett.* **69**, 3382 (1992).

3) P. L’Ecuyer and R. Simard, TestU01: A C Library for Empirical Testing of Random

Number Generators, *ACM Trans. on Mathematical Software*, **33**, 22 (2007).

4) M. Matsumoto and T. Nishimura, Mersenne Twister: A 623-dimensionally equidistributed uniform pseudorandom number generator, *ACM Trans. on Modeling and Computer Simulation*, **8**(1), 3–30 (1998).

5) G. Marsaglia, Xorshift RNGs, *Journal of Statistical Software*, **8**(14), 1–6 (2003).

6) D. Blackman and S. Vigna, Scrambled linear pseudorandom number generators, *ACM Trans. on Mathematical Software*, **47**(4), 1–32 (2021).

7) G. Marsaglia and W. W. Tsang, A Fast, Easily Implemented Method for Sampling from Decreasing or Symmetric Unimodal Density Functions, *SIAM Journal on Scientific and Statistical Computing*, **5**, 349 (1984).

8) G. Marsaglia and W. W. Tsang, The Ziggurat Method for Generating Random Variables, *Journal of Statistical Software*, **5**(8), 1–7 (2000).

A2
ニューラルネットワーク（NN）

A2.1　ニューラルネット

前章までは線形モデルを取り扱っていた．パラメータに対してモデルが線形であれば，2 乗誤差関数の凸性から，微分によって連立方程式を導くことができ，それを解くことでパラメータを決定できた．一方でデータを近似する関数としては力不足である場合がある．分類を行うために一般化線形モデルも導入したが，やはり同様である．そこでより柔軟に，また大量にパラメータを含むモデルが必要となる．

この章で紹介するニューラルネット（NN）は非常に強力な関数近似器として機能する．元々は，動物の神経細胞の数理モデルとして提案されたものであるが，現在では，関数を近似する系統的な数学的な手法の一種として使われている．

さっそくニューラルネットを定義してみる．ニューラルネットといっても様々な形態があるが，その中でも代表的な**全結合ニューラルネット**（fully connected neural network）を導入する．この場合，ニューラルネットは層構造を持つ関数として定義される．データセットは前章と同じく $\mathcal{D} = \{(\boldsymbol{x}^{(i)}, \boldsymbol{y}^{(i)})\}_{i=1}^{N}$ と書いておくことにする．よくあるデータの例としては犬猫などの画像判別問題（分類問題）であり，$(\boldsymbol{x}^{(i)}, \boldsymbol{y}^{(i)})$ において $\boldsymbol{x}^{(i)}$ は様々な犬や猫などの画像，$\boldsymbol{y}^{(i)}$ はラベルとなる．他にも様々なデータの形式を扱うことができる*1)．

---

*1)　より詳細にニューラルネットについて知りたければ，文献[1-3] などを参照のこと．

3 層の全結合ニューラルネット　　今から以下のように関数として $\boldsymbol{f}_\theta(\boldsymbol{x})$ を構成する．これが**全結合ニューラルネット**である．

L を層数と呼び，$L=3$ の場合を考えてみる．ベクトルデータ $\boldsymbol{x}$ について

$$\boldsymbol{z}^{(1)} = \boldsymbol{x} \tag{A2.1}$$

$$\begin{cases} \boldsymbol{u}^{(2)} = W^{(2)}\boldsymbol{z}^{(1)} + \boldsymbol{b}^{(2)}, \\ \boldsymbol{z}^{(2)} = \sigma^{(2)}(\boldsymbol{u}^{(2)}) \end{cases} \tag{A2.2}$$

$$\begin{cases} \boldsymbol{u}^{(3)} = W^{(3)}\boldsymbol{z}^{(2)} + \boldsymbol{b}^{(3)}, \\ \boldsymbol{z}^{(3)} = \sigma^{(3)}(\boldsymbol{u}^{(3)}) \end{cases} \tag{A2.3}$$

$$\boldsymbol{f}_\theta(\boldsymbol{x}) = \boldsymbol{z}^{(3)} \tag{A2.4}$$

という手順で出力 $\boldsymbol{f}_\theta(\boldsymbol{x})$ を作る．ただし，$l=2,3$ に対して，$W^{(l)}$ は行列，$\boldsymbol{b}^{(l)}$ はベクトルで，要素の値は出力が望みの形になるようにデータセットから決める．θ は，パラメータの集合で $\theta = \{\theta_1, \theta_2, \ldots\} = \{w_{11}^{(2)}, w_{12}^{(2)}, \ldots, b_1^{(2)}, \ldots\}$ である．パラメータの初期値は，乱数を入れておく[*2]．これは図で書くと図 A2.1 のようになる．$\boldsymbol{u}^{(l)}$ の次元，つまり $W^{(l)}$ の形は，積が定義される限り自由であり，それは学習の中では決まらない．このようなパラメータを一般に**ハイパーパラメータ**と呼ぶ．$\boldsymbol{u}^{(l)}$ と $\boldsymbol{z}^{(l)}$ は，中間的な変数であり，特に $2 \leq l < L$ に対しての $\boldsymbol{z}^{(l)}$ の成分は中間ユニットと呼ばれる．

$\sigma^{(l)}(x)$ は $\tanh(x)$ のような非線形関数で，ベクトルを引数とするときに，

$$\left(\sigma^{(l)}(\boldsymbol{x})\right)^\top := \begin{pmatrix} \sigma^{(l)}(x_1) & \sigma^{(l)}(x_2) & \sigma^{(l)}(x_3) & \cdots \end{pmatrix}^\top \tag{A2.5}$$

のように要素ごとに作用し，ベクトルを出力する．このような関数を**活性化関数**（activation function）と呼ぶが，これについては以下で紹介する．今構成した関数 $\boldsymbol{f}_\theta(\boldsymbol{x})$ を中間層 1 層のニューラルネット，もしくは 3 層のニューラルネットと呼ぶ．

最小 2 乗法などと同様に，誤差関数 $\mathcal{E}_\theta(\mathcal{D})$ を与えられたデータセットに対して最小化し，未知のデータでもうまく働くことを期待する．誤差関数は例えば

---

*2)　初期化についても様々な理論がある．また乱数については A1.7 節を参照．

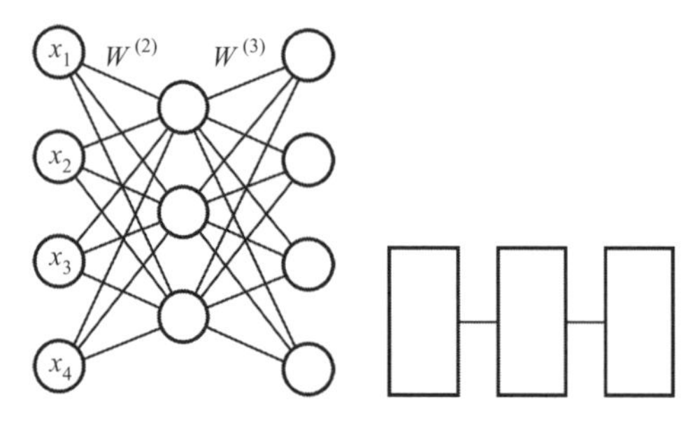

図 A2.1 ニューラルネットの模式図.（左図）円で表されているノードはベクトルの成分，線は行列の成分を表す.（右図）四角形で表されるのはユニットで線でその接続が表される．層の多い複雑なニューラルネットの場合にはこちらが用いられる.

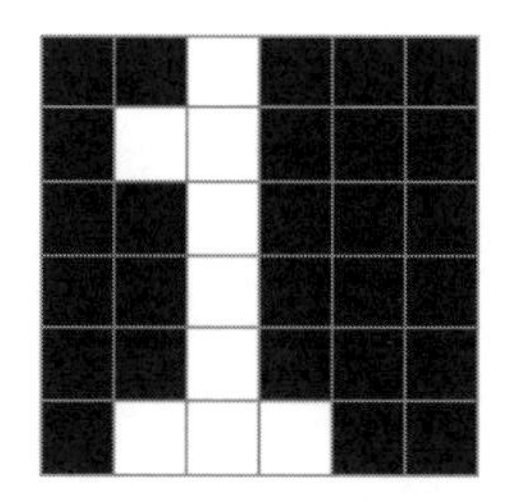

図 A2.2 数字が書かれた 6×6 の画像の例．アラビア数字の 1 が書かれている.

回帰問題の場合には，

$$\mathcal{E}_\theta(\mathcal{D}) = \frac{1}{2N} \sum_{i=1}^{N} \left| \boldsymbol{f}_\theta(\boldsymbol{x}^{(i)}) - \boldsymbol{y}^{(i)} \right|^2 \tag{A2.6}$$

と**平均 2 乗誤差**（mean squared error）を取ることができる．他にも分類問題の場合には適切な選択があるが後述することにする．パラメータ θ を調整し，誤差関数を小さくする試みをここでは**学習**（learning）と呼ぶことにしよう．学習は，**訓練**（training）とも呼ばれることがある.

ニューラルネットは後の章で説明する通り，実社会の問題を解くだけでなく，物理学の諸問題を解くことも可能にする．この章では最も簡単なニューラルネットを用いた画像識別問題を例に説明を続けよう.

今の画像識別問題のセットアップは以下の通りである．データ $\boldsymbol{x}$ に対応するのは，6×6 のピクセルで構成される画像であり，そこには，0 から 9 までの数字が書かれている．例えば，図 A2.2 である．この画像を 1 つ入力し，そこに書かれている数字を識別するニューラルネットワークを作りたい．そのときに問題となるのは，

1) ニューラルネットワークの入力はベクトルである．画像をどう $\boldsymbol{x}$ として入力するか？
2) ニューラルネットワークの出力はベクトルである．0 から 9 までの正解をどう $\boldsymbol{y}$ として表現するか？

である．以下ではそれを説明する．

A2.2 データの表現

ニューラルネットは，ベクトルを受け取り，ベクトルを出力する関数である．そのためデータをベクトルとして表現する必要がある．ここでは簡単な手法を紹介しよう．複雑だがより精度のよい手法は後の章で紹介される．

A2.2.1 画像のベクトル化

前述の通り，上記で説明したニューラルネットワークに情報を入力する場合，入力はベクトルでなくてはならない．ここでは説明のためにグレースケールの画像を考えてみよう．画像は，ピクセルと呼ばれる $0 \sim 255$ までの 256 段階の数値の集まりである．0 が黒を表し，255 が白である．例えば 6×6 の画像（図 A2.2）は行列のように

$$P = \begin{bmatrix} 0 & 0 & 255 & 0 & 0 & 0 \\ 0 & 255 & 255 & 0 & 0 & 0 \\ 0 & 0 & 255 & 0 & 0 & 0 \\ 0 & 0 & 255 & 0 & 0 & 0 \\ 0 & 0 & 255 & 0 & 0 & 0 \\ 0 & 255 & 255 & 255 & 0 & 0 \end{bmatrix} = [p_{ij}]_{i,j=1,\ldots,6} \qquad \text{(A2.7)}$$

と書くことができる．これは黒地に白の「1」という数字を表す画像である．これをニューラルネットワークに入力するには，1 行ごとにシュレッダーのように切って縦に並べてベクトルにすればよい．つまり，

$$\boldsymbol{x} = \begin{bmatrix} p_{11} & p_{12} & p_{13} & p_{14} & \cdots & p_{65} & p_{66} \end{bmatrix}^\top \tag{A2.8}$$

$$= \begin{bmatrix} 0 & 0 & 255 & 0 & \cdots & 0 & 0 \end{bmatrix}^\top \tag{A2.9}$$

とベクトルにすることができる．このようにすると画像データをニューラルネットワークに入力することができる．もちろんこの手法では，画像データの局所的な情報は消えてしまう．それを防ぐためには後述の畳み込み層を利用しなければならない．

A2.2.2 one-hot の表現

ここでは，**one-hot 表現**を説明する．今の問題設定では，0 から 9 までのいずれかの画像が $\boldsymbol{x}$ であり，$\boldsymbol{y}$ は 0 から 9 の正解を表す情報である．もちろん 0 から 9 を直接 $\boldsymbol{y}$ としてもよいのだが，例えば数字以外の画像識別の場合，大小関係が問題となる．犬猫の識別の場合，犬に 0，猫に 1 を割り当ててしまうと，意図しない大小関係「犬 < 猫」が仮定されてしまい，結果に悪影響を及ぼすことがある．そこで画像識別でよく使うのが以下の one-hot 表現である．これは以下のように 0 から 9 を 10 次元の基底ベクトルに対応付けるものである．

$$0 \leftrightarrow \begin{bmatrix} 1 & 0 & 0 & 0 & 0 & 0 & 0 & 0 & 0 & 0 \end{bmatrix}^\top, \tag{A2.10}$$

$$1 \leftrightarrow \begin{bmatrix} 0 & 1 & 0 & 0 & 0 & 0 & 0 & 0 & 0 & 0 \end{bmatrix}^\top, \tag{A2.11}$$

$$2 \leftrightarrow \begin{bmatrix} 0 & 0 & 1 & 0 & 0 & 0 & 0 & 0 & 0 & 0 \end{bmatrix}^\top, \tag{A2.12}$$

$$\vdots \tag{A2.13}$$

$$9 \leftrightarrow \begin{bmatrix} 0 & 0 & 0 & 0 & 0 & 0 & 0 & 0 & 0 & 1 \end{bmatrix}^\top. \tag{A2.14}$$

各「正解」をこのように基底ベクトルにしてから $\boldsymbol{y}$ として取り扱うことで，意図しない順序関係を入れることなくニューラルネットワークに用いることができる．この one-hot 表現は，画像識別だけでなく自然言語処理などでも用いられる便利なものである．

A2.3　一般層数の全結合ニューラルネット

一般の層数 L の**全結合ニューラルネット**は，$l = 2, 3, \ldots, L$ に対して，漸化式を用いて書くことができる．

$$\begin{cases} \boldsymbol{u}^{(l)} & = W^{(l)}\boldsymbol{z}^{(l-1)} + \boldsymbol{b}^{(l)}, \\ \boldsymbol{z}^{(l)} & = \sigma^{(l)}(\boldsymbol{u}^{(l)}) \end{cases} \tag{A2.15}$$

ただし，入力は $\boldsymbol{z}^{(1)} = \boldsymbol{x}$ であり，ニューラルネットの出力は，$\boldsymbol{f}_\theta(\boldsymbol{x}^{(i)}) = \boldsymbol{z}^{(L)}$ である．l が大きくなる方向を**深さ**（depth）といい，ベクトルの次元を幅という．ディープラーニングとは，L が十分大きいニューラルネット（深層ニューラルネット）を用いた機械学習の一般的な名前である．

$L \gg 1$ であるようなニューラルネットを深層ニューラルネットと呼ぶといったが，単に L を大きくする（つまりネットワークを深くする）だけでは学習がうまくいかないことが知られている．それは以下で述べる**誤差逆伝播法**（back propagation, backprop）と呼ばれる手法における問題とも関連している．

機械学習の文脈において，データ $\boldsymbol{x}_i$ を入力し，出力 $\boldsymbol{f}_\theta(\boldsymbol{x}_i)$ を得る行為を推論と呼ぶ．これはデータが順方向に伝播するため，**順伝播**（forward propagation）と呼ぶ．また順伝播で処理をするニューラルネットを**フィードフォワードニューラルネット**と呼ぶ．

驚くべきことに 3 層ニューラルネットは，ユニット数が十分大きいときに（つまり幅が十分広いときに），任意の関数を任意の精度で近似できるという事実が知られている．これを**万能近似定理**（universal approximation theorem）という．本書では深掘りはしないが，この定理は様々なセットアップ，例えば活性化関数を変えたときや深さを深くした場合などでも知られている．どれくらいの学習で到達できるかなどの評価を与えているわけでもないので実用上には出てくることがないが，それでも，ニューラルネットを関数近似のアンザッツ（仮設的に表現したもの，Ansatz）として使うことが有用だと思える 1 つの傍証となっている．

A2.4 勾配降下法

与えられたデータセット $\mathcal{D}$ を用いて，誤差関数 $\mathcal{E}_\theta(\mathcal{D})$ を小さくするようにパラメータ θ を調整したい．ニューラルネットの誤差関数は，模式的には図 A2.3 のような形をしているといわれている．みてわかる通り，線形モデルとは異なり誤差関数が凸関数ではないため，誤差関数の微分がゼロになるときのパラメータを求めるやり方では最適なパラメータを発見することはできない．

そこで発見法的ではあるが以下の式を繰り返し適応することで誤差関数をなるべく小さくすることを行ってみる．

$$\theta_i \Leftarrow \theta_i - \eta \frac{\partial}{\partial \theta_i} \mathcal{E}_\theta(\mathcal{D}) \tag{A2.16}$$

$\Leftarrow$ は代入操作を表す．ただし，

$$\theta_i \in \theta = \{\theta_1, \theta_2, \ldots\} = \{w_{11}^{(2)}, w_{12}^{(2)}, w_{13}^{(2)}, \ldots\} \tag{A2.17}$$

はパラメータを並べたベクトルであり，η は**学習率**（learning rate）と呼ばれる正の小さな実数である．この η も学習で決められないハイパーパラメータの一種である．例えば，まずは $\eta = 0.01$ など取っておき，うまく学習が進むように決める．この θ の調整法を**勾配降下法**（gradient decent）と呼ぶ．パラメータを座標だと思ったとき，$\partial \mathcal{E}_\theta / \partial \theta_i$ はベクトル解析の勾配に対応しており，確かに勾配を降りるアルゴリズムとなっている．

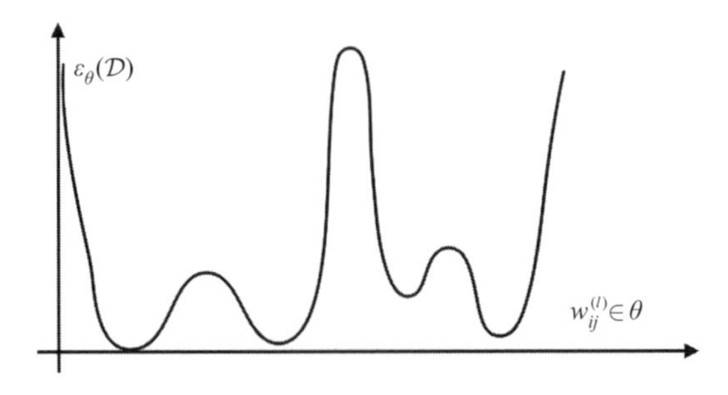

図 A2.3　誤差関数の模式図．パラメータ θ に関して複雑な関数である．

微積分の講義では，ニュートン・ラフソン法（Newton–Raphson method）について学習している読者もいるかもしれない．ニュートン・ラフソン法は2次収束するアルゴリズムであるため，少ないステップで収束する．しかし多変数関数におけるニュートン・ラフソン法はヘッセ行列（2階微分）の逆行列が必要となる．ニューラルネットは典型的にパラメータ数が非常に大きく，数億を超えることもあるため計算量的にニュートン・ラフソン法の使用は現実的ではない．

勾配法の改良も存在する．データセット全体を用いて勾配を計算する勾配法をバッチ勾配法と呼ぶ．これはデータに対して誤差関数の表面が1つに定まるため，安定した計算が行われる．一方で谷間やプラトー（平野），局所最適解などにはまってしまうと，一番最適なパラメータへはいかないことになってしまう．そこでデータを1つランダムに選び，パラメータを更新するという手法を思いつく．これを**確率的勾配降下法**（stochastic gradient descent，SGD）と呼ぶ．SGDは，ランダムネスを取り入れており，上記で述べた問題を回避することができる．一方で毎回，誤差関数の形，つまり勾配が大きく変わるため，収束が遅くなるなどの原因になりうる．

そこで中間的なアイデアとして，データセットを小さな塊（ミニバッチ）に分割し，それぞれに対して学習を行う手法も考えることができる．これを**ミニバッチ勾配降下法**（mini-batch gradient descent）と呼ぶ．すなわち，データセット $\mathcal{D}$ に対して

$$\mathcal{D} = \mathcal{D}_1 \cup \mathcal{D}_2 \cup \mathcal{D}_3 \cup \cdots \tag{A2.18}$$

と分割し，$k = 1, 2, 3, \ldots$ に対して

$$\mathcal{E}_\theta(\mathcal{D}_k) = \frac{1}{2N_k} \sum_{i=1}^{N_k} \left| \boldsymbol{f}_\theta(\boldsymbol{x}^{(i)}) - \boldsymbol{y}^{(i)} \right|^2 \tag{A2.19}$$

と誤差関数を定義し，それぞれで1回ずつ勾配降下法を適用する．ただし N_k は $\mathcal{D}_k$ に含まれるデータの数である．学習はデータをシャッフルした後分割し，ミニバッチごとにパラメータを更新し，これを繰り返すことで行われる．学習データを1通り使うことを1**エポック**（epoch）と呼び，通常は数十回を超えるエポックで学習を行う．

また他にも勾配降下法には様々なバリエーションが構成されており，収束を速くしたり，θ の空間におけるプラトーを抜けるための手法も議論されている．中でも Adam[4] と呼ばれる手法が現在ではデファクトスタンダード（事実上の標準）となっている．

1つ注意事項として，深層学習では誤差関数が必ずしも最低値に到達する必要はないことである．与えられたデータだけでなく未知のデータに対してうまく動けばよく，そのときは，与えられたデータの範囲内で誤差関数が最低値になっているとは限らない．さらにいえば，深層化したニューラルネットでは局所解析解が，誤差関数のほぼ最低値を与えているという報告もある．そのため，学習や最適化は誤差関数を学習回数の関数としてみて，誤差関数がこれより小さくならないな，と思えればそこで止めてもよい．

物理学などの計算にニューラルネットを用いるときに誤差を気にしなければならない場合は，近似からくる誤差を相殺する仕組みを組み込むか，変分法などの手法と併せて使うことになる．もちろん従来法でできないことを実現するときにはこの限りではない．

A2.5　活性化関数とその微分

活性化関数は，ニューラルネットに含まれる非線形関数であるが，様々な提案がなされている．これについて少し紹介しておこう．

伝統的に使われる活性化関数としては**シグモイド関数**があり，

$$\sigma_{\mathrm{sig}}(x) = \frac{1}{1+e^{-x}} \tag{A2.20}$$

と書かれる関数である（図 A2.4）．この関数は物理学ではフェルミ分布関数（Fermi distribution function）と呼ばれる．微分は簡単な計算により，

$$\sigma'_{\mathrm{sig}}(x) = \sigma_{\mathrm{sig}}(x)\bigl(1-\sigma_{\mathrm{sig}}(x)\bigr) \tag{A2.21}$$

とわかる．シグモイド関数の微分はシグモイド関数で書かれる．シグモイド関数は，0から1の値を取り，$x=0$ で 1/2 を取る．つまり，シグモイド関数の微分 $\sigma'_{\mathrm{sig}}(x)$ は $x<0$ で増加し，$x=0$ で最大値 1/4 を取って $x>0$ で減少関数である．シグモイド関数は伝統的にニューラルネットで使われてきたが一方

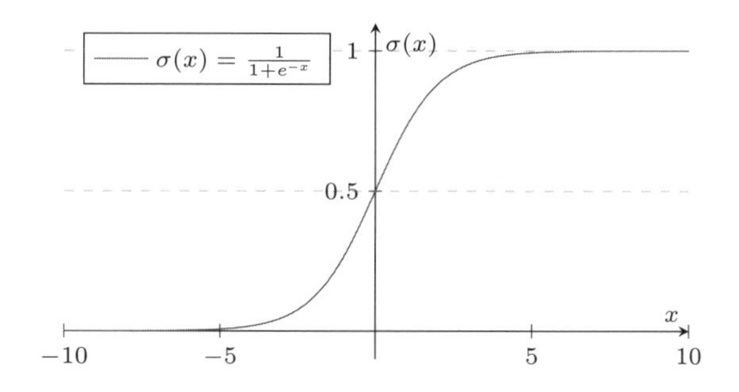

図 A2.4　シグモイド関数.

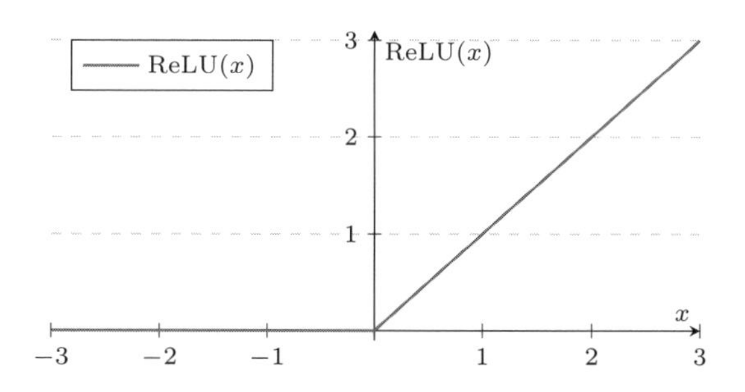

図 A2.5　ReLU の図. 負の領域では 0 を返し，正の領域では入力値を返す.

で学習時の勾配消失という問題が生じるため，以下の ReLU[5)] が使われることが多い.

ReLU[*3)] は，

$$\sigma_{\mathrm{ReLU}}(x) = \max(0, x) \tag{A2.22}$$

と書かれる関数であり，負の値を遮断する.

微分は，普通の意味では定義されないが，

[*3)] ReLU は rectifier linear unit のことで，整流化器線形ユニットという意味である. 整流化（rectify）とは交流を直流にすることであり，電気回路で用いられる整流ダイオードのような働きをする. 交流の場合には電流の向きは入れ替わるが，このダイオードは正の向きの電流しか通さないため整流化される.

$$\sigma'_{\mathrm{ReLU}}(x) = \begin{cases} 1, & (x > 0) \\ 0 & (x \leq 0) \end{cases} \tag{A2.23}$$

と定められる．これは，劣微分の一種となっている．

多クラス分類問題において用いる特殊な活性化関数もある．n 個の実数の集まり，$\boldsymbol{u} = (u_1, u_2, \ldots, u_n)^\top$ を考える．このとき，e^{u_i} は負にはならないことに注意すると，

$$[\mathrm{softmax}(\boldsymbol{u})]_i = \frac{e^{u_i}}{\sum_{j=1}^{n} e^{u_j}} \tag{A2.24}$$

は確率分布とみなすことができる．ここで $i = 1, 2, \ldots, n$ である．すなわち正定値であり，規格化されている．この関数を**ソフトマックス関数**（softmax function）と呼ぶ．この分母は，e^{u_i} をボルツマン因子（Boltzmann factor）だと思ったときにはちょうど分配関数として機能しており，最終層の活性化関数として用いることで，ニューラルネット全体を確率分布として使いたい場合によく使われる．ソフトマックス関数は，B1 章で紹介するトランスフォーマーと呼ばれる言語モデルにも使用されている．

A2.6 誤差逆伝播法

勾配降下法では，誤差関数のパラメータでの微分が必要となるが，ニューラルネットが合成関数であるため微分の計算は少し工夫する必要がある．実のところ，ライブラリを呼び出せば勾配計算が行われるのではあるが，ここではどのようにそれが行われているかみることにする．使われる数学的な仕組みは合成関数の微分（連鎖律）であるが，機械学習の文脈では**誤差逆伝播法**という名前が付いている．

誤差逆伝播法は，デルタルールという漸化式で計算される．ここでは，簡単のために以下の 1 次元のニューラルネットを考えることにしよう．$l = 2, 3, \ldots, L$ に対して，今のニューラルネットの定義式は，

$$u^{(l)} = w^{(l)} z^{(l-1)} \tag{A2.25}$$

$$z^{(l)} = \sigma(u^{(l)}) \tag{A2.26}$$

となる．ただし，入力は $z^{(1)} = x$ であり，ニューラルネットの出力は，$f_\theta(x^{(i)}) = z^{(L)}$ である．$w^{(l)}$ は実数のパラメータであり，問題を簡単にするため，活性化関数は層によらず $\sigma(x)$ で与えられるとし，また切片の項 b を落とした．これらを含めても議論できるが説明のために単純化した．

今の場合のデータセットと誤差関数は，

$$\mathcal{E}_\theta(\mathcal{D}) = \frac{1}{2N}\sum_{i=1}^{N}\left(f_\theta(x^{(i)}) - y^{(i)}\right)^2 \tag{A2.27}$$

であり，$\mathcal{D} = \left\{(x^{(i)}, y^{(i)})\right\}_{i=1}^{N}$ とする．

パラメータの集合は $\theta = \{\theta_1, \theta_2, \ldots\} = \{w^{(1)}, w^{(2)}, \ldots, w^{(L)}\}$ であり，式 (A2.16) を用いた学習に必要な量は，データの引数を省略したとき

$$\frac{\partial \mathcal{E}_\theta}{\partial w^{(l)}} \tag{A2.28}$$

である．これを求める手法を説明していこう．

連鎖律があるため，中間層に現れるベクトルの要素（ユニットの値）での微分

$$\delta^{(l)} := \frac{\partial \mathcal{E}_\theta}{\partial u^{(l)}} \tag{A2.29}$$

が決まっていれば，学習に必要な更新量式 (A2.28) が決まる．なぜなら，ニューラルネットの線形変換部分式 (A2.25) から連鎖律を用いて

$$\frac{\partial \mathcal{E}_\theta}{\partial w^{(l)}} = \frac{\partial \mathcal{E}_\theta}{\partial u^{(l)}}\frac{\partial u^{(l)}}{\partial w^{(l)}} = \delta^{(l)} z^{(l-1)} \tag{A2.30}$$

となるからである．そのため，$\delta^{(l)}$ を求めておけば，$z^{(l-1)}$ は一度の推論（順伝播）のときに記録しておくことで計算ができることになる．

連鎖律を用いて $\delta^{(l)}$ を決める規則を求める．最終層での $u^{(L)}$ での誤差関数の微分は，$f_\theta(x^{(i)}) = z^{(L)} = \sigma(u^{(L)})$ より，

$$\delta^{(L)} = \frac{\partial}{\partial u^{(L)}}\mathcal{E}_\theta \tag{A2.31}$$

$$= \frac{1}{2N}\frac{\partial}{\partial u^{(L)}}\sum_{i=1}^{N}\left(\sigma(u^{(L)}) - y^{(i)}\right)^2 \tag{A2.32}$$

$$= \frac{1}{N} \sum_{i=1}^{N} \left(f_\theta(x^{(i)}) - y^{(i)} \right) \sigma'(u^{(L)}) \tag{A2.33}$$

となる．$f_\theta(x^{(i)}) - y^{(i)}$ は，i 番目のデータに対する出力とデータの差（誤差）であり，$\sigma'(u^{(L)})$ は $u^{(L)}$ の値がわかっていれば計算できるので（ReLU であれば定数である），一旦推論がなされているのであれば，$\delta^{(L)}$ が計算可能であることがわかる．ミニバッチを用いる場合には，データの順序と和の範囲を変更すればよく，SGD の場合には和を外して計算すればよい．データ全体を用いる手法（バッチ），ミニバッチ，1 サンプルを用いる計算（SGD）の違いは，この計算において，勾配がデータに対し平均されているかの違いになることもわかる．

次に，$\delta^{(l+1)}$ と $\delta^{(l)}$ の関係を調べよう．これがわかれば漸化式を構築できるので $\delta^{(2)}$ まで決まることになる．これは連鎖律があるので $u^{(l+1)}$ は $u^{(l)}$ の関数であることを使うと，

$$\delta^{(l)} = \frac{\partial \mathcal{E}_\theta}{\partial u^{(l)}} \tag{A2.34}$$

$$= \frac{\partial \mathcal{E}_\theta}{\partial u^{(l+1)}} \frac{\partial u^{(l+1)}}{\partial u^{(l)}} \tag{A2.35}$$

$$= \delta^{(l+1)} \frac{\partial}{\partial u^{(l)}} u^{(l+1)} \tag{A2.36}$$

$$= \delta^{(l+1)} \frac{\partial}{\partial u^{(l)}} \left(w^{(l+1)} \sigma(u^{(l)}) \right) \tag{A2.37}$$

$$= \delta^{(l+1)} w^{(l+1)} \sigma'(u^{(l)}) \tag{A2.38}$$

すなわち，公式としてまとめると，

$$\delta^{(l)} = \delta^{(l+1)} w^{(l+1)} \sigma'(u^{(l)}) \tag{A2.39}$$

である．これをデルタルールと呼ぶ．$l+1$ での $\delta^{(l+1)}$，$w^{(l+1)}$，$\sigma'(u^{(l)})$ がわかっていれば，l での $\delta^{(l)}$ がわかることになる．つまり決まる順序は，ある i 番目のデータに対して，

$$f_\theta(x^{(i)}) - y^{(i)} \Rightarrow \delta^{(L)} \Rightarrow \delta^{(L-1)} \Rightarrow \cdots \Rightarrow \delta^{(l)} \Rightarrow \delta^{(l-1)} \Rightarrow \cdots \Rightarrow \delta^{(3)} \Rightarrow \delta^{(2)} \tag{A2.40}$$

となる．順伝播と逆方向に誤差が伝播するので誤差逆伝播法と呼ばれる．

誤差逆伝播法を用いるには，順伝播での途中の計算結果を保持しておく必要があり，それらを用いれば勾配を計算することができる．

A2.7 勾配消失問題

深層ニューラルネットは非常に強力であるが，なぜ2010年代以降まで主流として使われてこなかったのだろうか．これの理由の1つが**勾配消失問題**（gradient vanishing problem）である．ここではニューラルネットの深層化を阻んでいた，この問題をみておこう*4)．

勾配消失問題は，入力層近くでの学習に対する問題なので，例として $\delta^{(2)}$ をみることにする．$\delta^{(2)}$ は，漸化式から σ' と $\delta^{(3)}$ を含むことがわかる．そして $\delta^{(3)}$ は，σ' と $\delta^{(4)}$ を含むことがわかる．つまり象徴的に書けば，

$$\delta^{(2)} = \underbrace{\sigma'\sigma'\cdots\sigma'}_{L-1\ \text{個}} \tag{A2.41}$$

となる．もし活性化関数がシグモイド関数だった場合には，最大値は1/4だったので，余分な因子の分を外すと象徴的には

$$\delta^{(2)} \approx 4^{-(L-1)} \tag{A2.42}$$

となる．他の因子もあるが，$\delta^{(l)}$ は入力層に近いほど小さくなってしまう一般的な傾向がある．$\delta^{(l)}$ が小さくなると更新量も小さくなるため，深層ニューラルネットでは入力層に近い部分の学習が進まないことがわかる．これを**勾配消失問題**という．現代的には，ReLUの使用や，図A2.6で表される**残差接続**（residual connection）[6] の導入などを通し，回避されている．

残差接続　詳しくはA4.3.3項で解説するが，ここでは簡単に**残差接続**について述べておく．残差接続とは，ニューラルネットにバイパス構造を組み込むことであり

---

*4) 深層学習の流行や成功の背後には，インターネットによるデータの増加やコンピュータの性能向上も大きな要因としてあった．

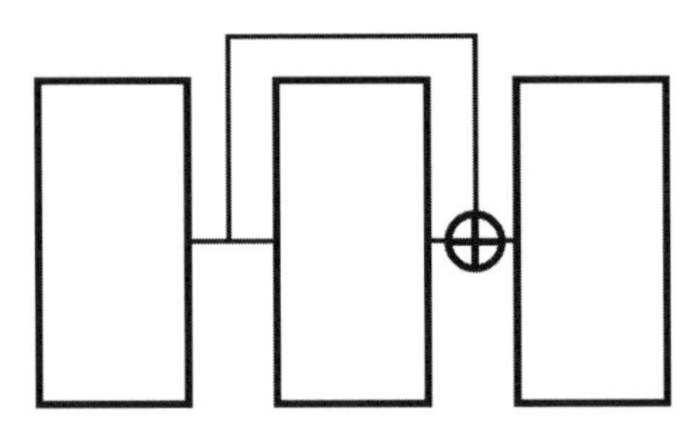

図 A2.6　残差接続の図.

$$\begin{cases} \boldsymbol{u}^{(l)} = W^{(l)}\boldsymbol{z}^{(l-1)} + \boldsymbol{b}^{(l)}, \\ \boldsymbol{z}^{(l)} = \sigma^{(l)}(\boldsymbol{u}^{(l)}) + \boldsymbol{z}^{(l-s)} \end{cases} \tag{A2.43}$$

のように層を飛ばしてネットワークが接続される．ただし $s > 1$ の整数である．これを用いると誤差逆伝播の際に，活性化関数などの微分をバイパスでき，勾配消失を避けることができる．この構造を組み込むと，

$$\boldsymbol{z}^{(l)} - \boldsymbol{z}^{(l-s)} = \sigma^{(l)}(\boldsymbol{u}^{(l)}) \tag{A2.44}$$

のように残差を学習するようになるためこのようにいわれている．またこの漸化式を微分方程式の差分法として捉えると，**ニューラル ODE**（neural ordinary differential equation, neural ODE）というアイデアにもたどり着く．ニューラル ODE を用いるとニューラルネットの近似力を担保しつつ物理系のシミュレーションも安定的に行うことができる．

コラム　GPU

機械学習・AI の数値計算には，GPU（graphics processing unit）がよく用いられる．GPU は電力を大量に消費するので特に近年の大規模な計算では発電所スケールの電力が必要となり，問題となることがある．ChatGPT は約 1 万個の GPU を使っていると噂されるが，（例えば NVIDIA A100 を例に取ると）GPU は 1 つあたり 300 W 程度消費する．つまり単純計算では全体として，おおよそ 10^6 W の消費電力があることになる．

対して，人間の脳は情報処理装置として非常に優秀な熱効率をしている．例えば 1 日分の成人男性の基礎代謝は約 1500 kcal なので，仕事（J）に換算すると

$1500 \times 1000 \times 4.2 = 6.3 \times 10^6$ J となる．これを仕事率に直すため $24 \times 60 \times 60 = 86400$ 秒で割ると，約 73 W と得ることができる．単純比較はできないもののあえて比べてみると，1 万倍ほどスケールが異なることになる．人類は生命誕生から数えて約 40 億年の積み重ねがあり，効率化してきた（効率の悪い生物は淘汰されてきた）．ChatGPT をはじめとした生成 AI は確かに革新的な技術であるが，エネルギー効率という面ではまだまだ工夫する余地があるのではないだろうか．

[富谷昭夫]

文　献

1) 瀧雅人，これならわかる深層学習入門，講談社（2017）．
2) 富谷昭夫，これならわかる機械学習入門，講談社（2021）．
3) 田中章詞，富谷昭夫，橋本幸士，ディープラーニングと物理学——原理がわかる，応用ができる，講談社（2019）．
4) D. Kingma and J. Ba, Adam: A Method for Stochastic Optimization, *Proceedings of the 3rd International Conference on Learning Representations* (2015).
5) V. Nair and G. E. Hinton, Rectified Linear Units Improve Restricted Boltzmann Machines, *Proceedings of the 27th international conference* (2010).
6) K. He, *et al.*, Deep residual learning for image recognition, *Proceedings of the IEEE conference on computer vision and pattern recognition*, 770–778 (2016).

A3
対称性と機械学習：畳み込み・同変NN

A3.1　同変性と畳み込みニューラルネット

物理学において対称性は非常に重要な指導原理である．ニューラルネットなどの機械学習でもデータの対称性は重要である．画像データは多くの場合，並進変換を行ってもデータの意味は変化しないという並進対称性を持つ．この並進対称性を保つニューラルネットの一種として畳み込みニューラルネットがある．ここでは畳み込みニューラルネット，そしてその背後にある対称性，同変性の関係について説明していこう．

A3.2　画像のフィルター

画像に対するフィルターを説明していこう．画像は 2 次元のデータなので 2 つの添字が付いており，画像のピクセルを x_{ij} と書くことにする．そしてフィルターの出力を u_{ij} とするとき，フィルター操作は

$$u_{ij} = \sum_{m=0}^{H_w-1} \sum_{n=0}^{H_h-1} C_{mn} x_{i+m,j+n} \tag{A3.1}$$

と書ける．C_{mn} は後で指定する係数であり，カーネルと呼ばれる．H_w と H_h はカーネルのサイズである．なおここでも以下でも周期的な境界条件を考える．これは周期パディングという．この他にも外側に 0 というピクセルで縁を付けるゼロパディングなどもある．

画像のフィルターは，2次元画像に最もよく使われるが，一旦簡単のために1次元の例をみていこう．画像のフィルターは1次元の場合だとカーネル C を用いて

$$u_i = \sum_{m=0}^{H-1} C_m x_{i+m} \tag{A3.2}$$

と書ける．部分的な内積のように書けていることがわかるだろう．例えば $H=3$ のカーネル C として以下を取ると，

$$C = \begin{pmatrix} 1 & -2 & 1 \end{pmatrix}^\top . \tag{A3.3}$$

これは輪郭を強調するフィルターとして機能する．このカーネルの処理をみてみると

$$u_i = C_0 x_i + C_1 x_{i+1} + C_2 x_{i+2} = x_i - 2x_{i+1} + x_{i+2} \tag{A3.4}$$

となり，離散化した2階微分（ラプラシアン）になっている．

一方で，次のガウシアンフィルタ

$$C = \frac{1}{4}\begin{pmatrix} 1 & 2 & 1 \end{pmatrix}^\top \tag{A3.5}$$

を考えてみる．ここでも $H=3$ である．

$$u_i = C_0 x_i + C_1 x_{i+1} + C_2 x_{i+2} = \frac{1}{4}(x_i + 2x_{i+1} + x_{i+2}). \tag{A3.6}$$

これは画像を平滑化するような重み付き平均になっている．

どちらのフィルターを使うかは，C の選択で変わる．言い換えると C を変えることにより，出力される結果が変わるといえる．いずれの C の場合でも，平行移動とフィルター操作が可換になっている*1)．この可換となる性質のことを**同変性**（equivariance）と呼ぶ．これが畳み込みニューラルネットの基本となる操作である．

---

*1) 入力画像の端の処理によって可換性を壊すこともあるが，十分画像は大きく影響は無視できるものとしておこう．

A3.3 畳み込み層

ここで**畳み込み層**（convolutional layer）を紹介するが，まずは，1 次元の例をみてみよう．入力データを $x_i = z_i^{(l)}$ と書こう．これはピクセル（非負の実数値）が一列だけ並んでいるデータである．i はピクセルの番号である．層の番号を $l = 2, 3, \ldots$ と書くと

$$u_i^{(l)} = \sum_{m=0}^{H-1} C_m^{(l)} z_{i+m}^{(l-1)}, \tag{A3.7}$$

$$z_i^{(l)} = \sigma(u_i^{(l)}) \tag{A3.8}$$

と書けるのが，畳み込み層であり，カーネル $C_m^{(l)}$ を学習する．H はカーネルのサイズである．$\sigma(x)$ は活性化関数である．この構成上，平行移動と畳み込み層での処理が可換になっている．畳み込み層を持つニューラルネットを**畳み込みニューラルネット**（convolutional neural network, CNN）と呼ぶ．

A3.3.1 2 次元データの畳み込み

ここまでくると，2 次元のデータ，画像に対する畳み込みも同様に導入できる．2 次元の入力データを $z_{i,j}^{(1)} = x_{i,j}^{(1)}$ と書くとき，

$$u_{ij}^{(l)} = \sum_{m=0}^{H_w-1} \sum_{n=0}^{H_h-1} C_{mn}^{(l)} z_{i+m,j+n}^{(l-1)}, \tag{A3.9}$$

$$z_{ij}^{(l)} = \sigma(u_{ij}^{(l)}) \tag{A3.10}$$

となるものが畳み込み層である．1 次元と同様に $C_{mn}^{(l)}$ を学習する．この出力を特徴量マップということがある．H_w と H_h はカーネルのサイズである．全結合ニューラルネットは，ユニット数を増やすことでその表現力を向上できたが，畳み込み層でも同様な工夫が存在する．例えば，カーネルを多数用意し，足し上げるなどの工夫である．

多チャンネル化は，チャンネル数を N_c として，

$$u_{ij}^{(l)} = \sum_{c=0}^{N_c-1} \sum_{m=0}^{H_w-1} \sum_{n=0}^{H_h-1} C_{mn}^{(l,c)} z_{i+m,j+n}^{(l-1)}, \tag{A3.11}$$

$$z_{ij}^{(l)} = \sigma(u_{ij}^{(l)}). \tag{A3.12}$$

ここでも同様に $C_{mn}^{(l,c)}$ を学習する．入力側も多チャンネル化は可能であるがここでは省略する．このようにして畳み込みニューラルネットも表現力を向上させることができる．

ここで畳み込みという言葉について注意点を述べておこう．ニューラルネットにおける 1 次元の畳み込みは，

$$u_i^{(l)} = \sum_{m=0}^{H-1} C_m^{(l)} z_{i+m}^{(l-1)} \tag{A3.13}$$

であったが，フーリエ変換に出てくる意味での畳み込みで書いてみると，

$$u_i^{(l)} = \sum_{m=0}^{H-1} C_m^{(l)} z_{i-m}^{(l-1)} \tag{A3.14}$$

である．結局，違いは添字の動きの向きが逆なだけであり，ニューラルネットにおける畳み込みは，本来は，相互相関と呼ぶ量であるが本質的に同じであるので畳み込みと呼ばれる．

A3.3.2 プーリング

畳み込みはカーネルとの内積で実現されているが，そうではなくある一定区画の値の代表値を取り出すという操作も考えられる．プーリングとは，そういった代表値を取り出すという操作のことである．例えば $H_w = H_h = 3$ として最大値プーリングは，図 A3.1 に対応する操作である．つまり，3×3 の枠内のピクセルの最大値を取り出してくる．画像処理でいう画像の縮小の効果がある．このようにサイズを小さくする操作を**ダウンサンプリング**（down sampling）という[*2]．また平均値を取り出す平均プーリングなどもある．

かつては畳み込み処理やプーリング処理の後は，**平坦化**（flatten）処理をし

[*2] 逆に，サイズを大きくする操作を**アップサンプリング**（up sampling）と呼ぶ．

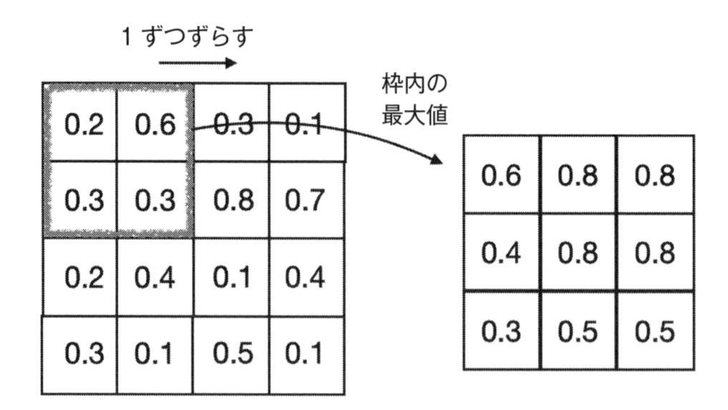

図 A3.1　最大値プーリングの模式図.

て，画像のピクセルを 1 列に並べてベクトルとみなして，全結合層に入力していた．しかし対称性の観点から，畳み込み処理の後は**大域的平均プーリング**（**グローバルアベレージプーリング**，global average pooling, GAP）がなされることが近年では多いようである．

大域的平均プーリングとは，多チャンネル版の畳み込みニューラルネットに用いられる技術である．例えば，N_c 個，異なる畳み込み処理層が並列して並んでいたとしよう．このとき，各 N_c 個の出力に対してそれぞれ全体に平均プーリングを施し，N_c 次元ベクトルを作る操作が大域的平均プーリングである．この操作を用いてベクトルを作ると，入力の平行移動に対して出力は**不変** (invariant) となる．

A3.4　群論と対称性

群論とは，対称性に対する操作を数学的に扱う理論的な枠組みであるといえる．まず以下に群の定義を述べよう．ある空でない集合 G と G 内の任意の要素 g_1, g_2 の間に定義される 2 項演算 $g_1 \star g_2 \in G$ の組 $(G, \star)$ が群であるとは以下の 3 つの規則を満たすことである．

1) $g_1, g_2, g_3 \in G$ に対し，$g_1 \star (g_2 \star g_3) = (g_1 \star g_2) \star g_3$.
2) すべての $g \in G$ に対し，$eg = g$ となる e が G に含まれる．これを単位元という．

3) すべての $g \in G$ に対し，$g' \star g = e$ となる g' が存在する．これを逆元といい，g^{-1} と書く．

自明な群としては，$G = \{e\}$ がある．また最小の非自明な群は，$g^2 = e$ を満たす，$G = \{e, g\}$ があり，この群を $\mathbb{Z}_2$ と呼ぶ．群は数学的に対称性操作を表すのに用いられ，例えば回転操作は回転群として数学的に議論がなされる．これは変換操作だけの話であるが，実際にはベクトルなどに作用させて対称性というものを実現・表現することができる．

A3.5　対称性と同変性

A3.5.1　対称性の組み込み方

物理学において対称性は，非常に重要な考え方であり，近年，よりその重要性を増している．画像データ，例えば犬猫の判別問題を考えたとしよう．このときに画像データは並進変換で動かしたとしてもデータに含まれている犬猫は犬猫のままである．このような対称性に対する応答を機械学習に組み込む場合，3つの手法が知られている．

1つ目は，**データ拡張**（data augmentation）である．これはあらかじめオリジナルのデータに並進などの変換を施したデータを加えたデータセットを作成しておき，学習させる手法である．これは実装は簡単であるが，必ずしも対称性を取り扱えるようになるとは限らない．

機械学習では狙った処理を行う関数を自動的に x と y というデータの組から読み取ってほしいと設計するものであるが，ある特定のデータに対しては同じ処理をしてほしい．例えば角度に依存しないがデータの入力手法上，座標を仮定して入れなければならないなどである．そこで回転変換に依存するような出力が出ないように誤差関数に罰則項を追加することを考えることができる．例えば偏微分方程式で描かれる物理系のシミュレーションを機械学習を用いて肩代わりさせることを考える（これをサロゲートモデルという）．そのとき，物理系には保存則や境界条件などの満たしてほしい式が多くある．そこでそれらの式を破ったときに誤差関数の値が大きくなるように，元の誤差関数に追加して**罰則項**（penalty term）を入れるのである．このような仕組みを用いたニューラルネットをphysics-informed neural network（PINN）と呼ぶ．この場合，ニューラルネットは対称性や保存則などを満たすように学習を進める．必ずしも保存則を満たせるとは限らず，ある種，対症療法的な取り扱いであるものの，物理系の知識を担保できる手法である．これは A4.2 節で詳しく紹介する．

最後に紹介するのは，**群同変性ニューラルネット**（group equivariant neural net）という仕組みである．これは群の変換を入力データに対して施したときに，ニューラルネットの出力値も同様に群の作用を受けるものである．これは以下の項で紹介する．

A3.5.2 群同変性ニューラルネット

ここでは簡単に群同変性ニューラルネットについて説明する．x を入力データとし，ニューラルネットワークの層での処理 $\phi(x)$ としよう．データに対して，群 G の下での対称性変換 g を行った結果を $g(x)$ とする．群の要素 g による x の変換 $g(x)$ と $\phi(x)$ が可換なとき，その層には同変性があるという．ある群 G の群同変性のある層を用いたニューラルネットを**群同変性ニューラルネット**と呼ぶ．この章の最初にみた通り，フィルター処理は並進に対して同変である．並進操作は画像の対称性操作であり，これも群同変性ニューラルネットの一例である．他にも図 A3.2 に示すようなセグメンテーション処理（画像に写っている物体の領域を特定し領域を分割する処理）は並進と同変である．

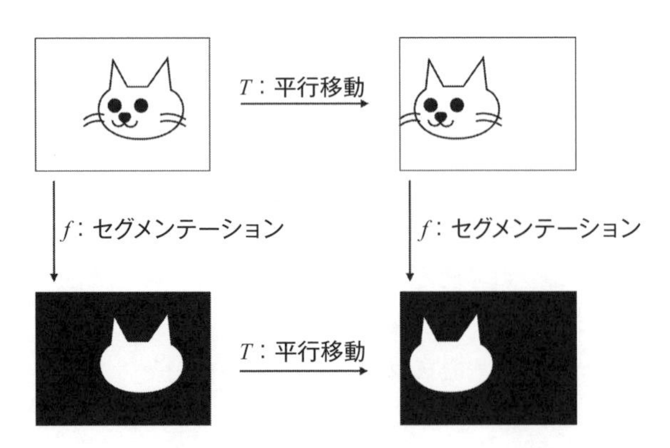

図 A3.2　可換図式．平行移動を表す変換 T とセグメンテーション（物体の切り出し）操作を表す操作 f．T と f は可換である．

ここで群同変性ニューラルネットについて少し説明しておこう．畳み込みニューラルネット[8] は，群同変性ニューラルネットの先駆けであり，福島邦彦によって導入された．その後，著名な機械学習研究者である，Geoffrey Hinton ら[9] によって成功例を示されることで大々的に使用されるようになった．群同変性ニューラルネットは，Taco Cohen と Max Welling によって導入された[1]．これは畳み込みニューラルネットの見方を変え，一般化したものであった．回転群に対する同変性は文献[2] によって導入され，離散群以外の拡張がなされてきた．例えば物理においてはリー群 (Lie group)，つまり連続パラメータで群の要素が指定できる群に対しても同変性を持つニューラルネットが考案されている[4]．それらは，幾何学的ディープラーニングと呼ばれてまとめられている[3]．加えて物理系への応用として文献[5] などもある．

一般に，ニューラルネットに同変性を組み込むことにより，以下で説明する帰納バイアスとして機能し，様々な恩恵を受けることができる．

A3.5.3　帰納バイアス

帰納バイアスとは，学習バイアスとも呼ばれ，データに対する仮定から生じるバイアス（ニューラルネットの構造の仮定）のことである．これは学習時に遭遇したことのない入力に対する出力の予測を安定させるはたらきをする．畳み込みニューラルネットを例に考えてみると，画像データにおいては，近い位置にある情報が関係があるという事前知識を使って，結合を疎にすることでパラメータを減らし，汎化性能を向上させている．もちろん，全結合ニューラルネットでも，並進させたデータを大量に学習させればいずれそのようなネットワーク構造を獲得すると思われるが，いかにも無駄が多いことがわかるだろう．

帰納バイアスを活用することにより，少ないデータでも汎化性能の向上が期待できる．つまり，特定の分野やタスクに関する専門的な知識を帰納バイアスとしてモデルに組み込むことで，学習の効率や精度を向上させることができる．対称性を課すことで関数形を制限しているため，学習に必要なデータ数の削減も期待できる．これは例えば，データが偶関数から生成されていることを知っていた場合に，奇関数をフィット関数に入れないようなものである．帰納バイアスは，使えるときには使っておくとニューラルネットを使う忌避感を軽減できるともいえよう．

A3.5.4 ゲージ対称性とニューラルネット*3)

素粒子論，物性論の垣根を超えてゲージ対称性は重要な対称性である．例えば超伝導現象は $U(1)$ ゲージ対称性の自発的破れだと思うことができる．素粒子論においては素粒子標準模型は，$SU(3) \times SU(2) \times U(1)$ というゲージ群を持つ量子的なゲージ理論である．量子論においては基底状態を求め，基底状態を用いた期待値を求めることが重要となるが，一般に非常に困難である．

素粒子論においては**強い力**（strong interaction）が $SU(3)$ ゲージ理論で記述されるがこれには摂動論などの手法が通用しない．そこで格子ゲージ理論と呼ばれる非摂動論的な手法が用いられている*4)．定式化は省略するが，離散時空の上で $SU(3)$ ゲージ理論を定義し，モンテカルロ法を用いて期待値が評価される．これを**格子 QCD**（lattice QCD）という．格子 QCD のモンテカルロ法は，スーパーコンピュータが必要となるくらいに計算量が多くなってしまう．逆にいえばスーパーコンピュータがあれば強い力の計算を行うことができ，パイ中間子などを含むハドロンの質量（QCD ハミルトニアンの固有値）を求めることができるようになってきた．

格子 QCD の計算は離散時空上の理論であるため，なるべく格子間隔を小さく取っておきたい．しかしながら，格子間隔を小さく取ると**臨界減速**（critical slowing down）と呼ばれる現象が発生し[10]，従来法では格子間隔を小さく取ることができない．臨界減速が生じるとモンテカルロ法の効率が劇的に低下してしまう．そこで臨界減速の解決にニューラルネット・生成模型を用いた手法が近年着目されている．重要となるのがゲージ対称性をどのように担保するかである．この章で説明した畳み込みニューラルネットの原理を応用することで，ゲージ対称性に対しても同変性を担保するニューラルネットを構築することができる．より詳しくは論文に譲るが，対称性を担保したニューラルネットを用いることで今までにないアプローチで問題解決をはかることができる[7,11]．特に後述するトランスフォーマーに同変性を担保した場合，物理系の持つ対称性

---

*3) この項は難易度が高いため，スキップしてもよい．

*4) 格子ゲージ理論については，文献[12]などを参照のこと．

を考慮しつつもトランスフォーマーの高い表現力を用いることができる[6].

コラム　't Hooft と Welling

高名な物理学者である Gerard 't Hooft は，非可換ゲージ理論の開拓者であり，場の量子論の非摂動論的な側面を明らかにした．彼は 1999 年，（学生時代に行った）非可換ゲージ理論のくりこみ可能性の証明によりノーベル物理学賞を指導教官 Martinus J. G. Veltman とともに受賞している．'t Hooft の研究は，ラージ N_c ゲージ理論，ブラックホールや量子重力，次元正則化やそれを用いたゲージ理論がくりこみ可能であることの証明，ホログラフィー原理など幅広い．彼は機械学習の研究は行っていないが，彼の弟子は違った．

Max Welling は 't Hooft の弟子であり，博士論文は，量子重力理論に関する研究に関するものであった．彼は博士取得後，機械学習分野に身を投じており，現在では著名な機械学習の研究者である．最も有名な仕事は，生成 AI の先祖ともいうべき Variational Autoencoders（変分オートエンコーダ，VAEs）を開発したことであろう．加えて彼は，Taco Cohen を研究者として育てた．Taco Cohen は博士課程の間に指導教員の Max Welling とともに群同変性ニューラルネットを発展させた．群同変性ニューラルネットは幾何学的な深層学習[3]（Geometric deep learning）として一般化され，研究が続けられている．

理論物理学は，抽象的で役に立たないといわれるが，原理まで突き詰めて考える上，ある程度の具体性を持って思考を深める学問である．この系譜や，Christopher Bishop（機械学習で有名な教科書[13]の著者，ヒッグスの弟子）をみても，理論物理学的な思考が機械学習の研究に役立つのでないかという妄想に掻き立てられるのである．

[富谷昭夫]

文　　献

1) T. S. Cohen and M. Welling, Group Equivariant Convolutional Networks, arXiv preprint arXiv:1602.07576 (2016).
2) T. S. Cohen, *et al.*, Spherical CNNs, arXiv preprint arXiv:1801.10130 (2018).
3) M. M. Bronstein, *et al.*, Geometric Deep Learning: Grids, Groups, Graphs, Geodesics, and Gauges, arXiv preprint arXiv:2104.13478 (2021).

4) E. J. Bekkers, B-Spline CNNs on Lie Groups, arXiv preprint arXiv:1909.12057 (2021).
5) A. Sannai, M. Kawano, and W. Kumagai, Invariant and Equivariant Reynolds Networks, *J. Mach. Learn. Res.*, **25** (42), 1–36 (2024).
6) Y. Nagai and A. Tomiya, Self-learning Monte Carlo with equivariant Transformer, arXiv preprint arXiv:2306.11527 (2023).
7) Y. Nagai and A. Tomiya, Gauge covariant neural network for 4 dimensional non-abelian gauge theory, arXiv preprint arXiv:2103.11965 (2023).
8) K. Fukushima, A self-organizing neural network model for a mechanism of pattern recognition unaffected by shift in position, *Biological Cybernetics*, **36** (4), 193–202 (1980).
9) G. E. Hinton, *et al.*, Improving neural networks by preventing co-adaptation of feature detectors, arXiv preprint arXiv:1207.0580 (2012).
10) S. Schaefer, R. Sommer, and F. Virotta, Critical slowing down and error analysis in lattice QCD simulations, *Nuclear Physics B*, **845** (1), 93–119 (2011).
11) R. Abbott, *et al.*, Sampling QCD field configurations with gauge-equivariant flow models, arXiv preprint arXiv:2208.03832 (2022).
12) 青木慎也，格子上の場の理論，丸善出版 (2012).
13) C. M. ビショップ，パターン認識と機械学習（上・下），丸善出版 (2012).

A4

古典力学と機械学習：NNと微分方程式

さて本章では，いよいよ，機械学習と物理学の関係について切り込んでいくことにしよう．古典力学を例に取って，微分方程式という広い立場から，物理と機械学習をつなげていく．

A4.1　物理の基礎方程式と機械学習

A4.1.1　微分方程式の位置付け

古典物理学における法則はおよそ，**保存則**か**運動方程式**で書かれている．これらは双方とも，**微分方程式**で書かれる場合が多い．このうち保存則においては，電荷の保存則やエネルギーの保存則などが代表的なものであるが，これらも結局のところ，微分を含んだ関係式となることが多い*1)．なぜなら，例えば空間全体における電荷が保存するという電荷の保存則は，言い換えれば，局所的に定義された電荷密度と電流が，局所的に保存している数式として書かれ，これが保存カレントの式となるからである*2)．量子力学の確率密度でも同様であり，またエネルギー運動量でも同様である．カレント保存の式は，時間微分，空間微分を用いて書かれる．したがって，保存則も微分方程式であると考えてよい．

物理学が微分方程式で書かれている理由は，その局所性と因果性という重要な原理のためである．空間のある点において局所的に，ある時刻に発生した現

*1)　書けない場合もある．例えば，離散的な対称性に起因する保存則などの場合である．

*2)　より具体的には，電荷に関するカレントの保存則は $(\partial/\partial t)\rho(t,x) + (\partial/\partial x)j(t,x) = 0$ と書かれている．この式を空間座標 x で積分すれば，電荷の保存則 $(\mathrm{d}/\mathrm{d}t)\int \mathrm{d}x\, \rho(t,x) = 0$ が得られる．

象は，それが周囲に影響を与え，時間が経つに従って伝播し，空間の異なる点に到達する（特殊相対性理論においては，その速さが光速を超えない，という原理を課す）．空間のある点から隣の点へと，時間の 1 ステップごとに伝わっていくはずである，という考え（これを局所性と呼ぶ）は物理学の根底をなしており，これが，物理学の諸法則が微分方程式で書かれている所以である*3)．したがって，微分方程式と機械学習の関係を明らかにすることが，物理学と機械学習の関係を明らかにすることに切り込んでいく重要なステップであることは，自然とおわかりになるであろう．

A4.1.2 物理学の問題の機械学習への埋め込み

まず，機械学習で微分方程式を取り扱うにあたっての 2 つの立場を明確にしよう．物理学で遭遇する 2 つの立場とは，微分方程式が知られている場合にその解を求めるという**順問題**，そして解の挙動が知られている場合にそれが従う法則を探求するという**逆問題**である．これらのいずれにも，機械学習は効力を発揮する．

高校や大学における物理学の教育課程において遭遇するのは，ほとんどすべて，与えられた状況を，知られた法則に基づいて微分方程式に書き，それを解いて解を求める，というものである．一方，大学院で物理学の研究をする場合，実験データや多様な物理的考察に基づいて，微分方程式すなわち法則を求める，という状況になる．これら 2 つの，物理学への対処の方法にはかなりギャップがある．もちろん，前者を十分学んでこそ後者の状況に対応し研究ができるのであるが，そもそもこれら 2 つの立場があることが，あまり知られていない．実は前者は「順問題」，後者は「逆問題」，のカテゴリに属すると考えるとわかりやすい．物理学を機械学習で解きたい，という場合に，前者なのか後者なのか，もしくはそれらの組み合わせなのかは，事前に把握しておくとよいだろう．

次の A4.2 節では，まず順問題を解く手法として近年発展の著しい，物理知に基づいた機械学習，physics-informed neural network（PINN）の概要を述べよう．さらにその後，逆問題へのアプローチについてみていくことにする．

---

*3) こういった原理があたかも成り立たないようにみえるという状況は物理学では受け入れがたく，パラドックスと呼ばれる．代表的な例は，ブラックホールの情報パラドックスである．

A4.3 節と A4.4 節では，古典力学を念頭において，そこで現れる微分方程式と機械学習，特にニューラルネットワークとの関係をみていくことにする．前章で明らかになったように，ニューラルネットワークは，データ（ここでは数値）の離散的な発展回路として理解することができるが，一方で物理学における時間発展や空間的な発展は，時間や空間が連続的な値を取ると慣習的に仮定されるため，連続的な発展回路として理解される．これは，差分方程式と微分方程式の違いである．この違いや構造上の違いをみていくことが，物理学における機械学習の応用，ひいては機械学習の仕組みを物理学的に理解することへとつながっていくのである．

A4.2　物理知 NN（PINN）

順問題や逆問題の一部を機械学習で解くという研究は，2017 年ごろから盛んに行われるようになってきた．その代表例が physics-informed neural network（物理知 NN，PINN）と呼ばれる手法[1] である[*4]．先述のように，物理学の運動方程式や保存則は時空の偏微分方程式で与えられる．PINN は，それをニューラルネットで効率よく数値的に解くための手法である．ここではその概要をみてみよう．

微分方程式の解空間は，物理学の興味深い問題である．一方，ニューラルネットワークが表せる関数の空間は，A2.3 節で述べられた万能近似定理によれば，十分幅の広いニューラルネットワークならばあらゆる関数を近似することができるため，大変広い．特に，物理学で暗に仮定される関数の連続性を考慮すれば，幅の広い，もしくは同時に深いニューラルネットワークを用いることで，物理学で登場する解をあまねく表現することができるであろうと期待できる．

そこで，任意の（幅が広く層も深いため万能近似性が期待できる）ニューラルネットワークを考えよう．その出力を $\boldsymbol{f}_\theta(t,\boldsymbol{x})$ とし，これを場であると考える．ここで $(t,\boldsymbol{x})$ は時間や空間の座標であり，場とは時空座標の関数である．質点の古典力学の場合は，$\boldsymbol{x}_\theta(t)$ を考えることになる．ニューラルネットワークの

[*4] PINN の日本語訳は 2024 年現在まだ特に定着していないため，単に PINN と書くことにしよう．

パラメータ θ を更新することによって，あらゆる場の配位を考慮することが可能となる．

さて，与えられた微分方程式を解くためには，その方程式を満たすような場の配位を出力として求めるために，出力が満たすべき条件すなわち微分方程式を，誤差関数の形で書く必要がある．$\boldsymbol{f}$ が満たすべき微分方程式を

$$\frac{\partial}{\partial t}\boldsymbol{f} = F(t, \boldsymbol{x}, \boldsymbol{f}) \tag{A4.1}$$

と書いたとしよう．ここで，右辺の F は $\boldsymbol{f}$ に作用する微分も含むものとしており，例えば典型的にはラプラシアンなども含まれる．一方左辺は時間の 1 階微分となっているが，ここはさらに高階微分が含まれていても構わない．オイラー・ラグランジュ方程式（Euler–Lagrange equation）を考える際には時間の 2 階微分が登場することが多いが，等価なハミルトン方程式（Hamiltonian equation）に移行すれば物理自由度（場）の数を 2 倍にして，1 階微分の方程式に書き換えることができる．この微分方程式 (A4.1) を誤差関数の形に書くには，

$$\mathcal{E} = \int \mathrm{d}t\, \mathrm{d}\boldsymbol{x} \left[\frac{\partial}{\partial t}\boldsymbol{f} - F(t, \boldsymbol{x}, \boldsymbol{f})\right]^2 \tag{A4.2}$$

と定義し，この $\mathcal{E}$ を最小にするようにパラメータ θ を更新していけば，最終的には $\mathcal{E}$ が小さくなり，与えられた微分方程式を満たすような関数 $\boldsymbol{f}_\theta(t, \boldsymbol{x})$ が求まることになる．

微分方程式を解くためには初期条件（一般には境界条件）が必要となる．例えば初期条件として，ある決まった関数 $\boldsymbol{g}(\boldsymbol{x})$ が与えられ

$$\boldsymbol{f}_\theta(t = t_0, \boldsymbol{x}) = \boldsymbol{g}(\boldsymbol{x}) \tag{A4.3}$$

を満たす要請があった場合には，誤差関数として，境界条件の項を加え，

$$\mathcal{E} = \int \mathrm{d}t\, \mathrm{d}\boldsymbol{x} \left[\frac{\partial}{\partial t}\boldsymbol{f} - F(t, \boldsymbol{x}, \boldsymbol{f})\right]^2 + \int \mathrm{d}\boldsymbol{x}\, [\boldsymbol{f}_\theta(t = t_0, \boldsymbol{x}) - \boldsymbol{g}(\boldsymbol{x})]^2 \tag{A4.4}$$

とすればよいことが容易にわかるだろう．空間座標 $\boldsymbol{x}$ についての境界条件も同様である．

この手法が重要である理由は，次の 2 つの拡張が容易であることである．まず，実験データの情報と矛盾ない解を求めるのがたやすいこと，次に，微分方程式自体に不定性がある場合にも適用できること，である．後者は，逆問題の一部と捉えることもできる．まず第 1 の点であるが，例えば，ある微分方程式に従うであろうという物理系の実験を行ったとして，初期状態の観測だけでなく，時間発展の中途のデータ

$$\mathcal{D} = \left\{ (t_i, \boldsymbol{x}_i, \boldsymbol{g}_i) \right\}_{i=1}^{N} \tag{A4.5}$$

も情報として付加したい，すなわち得られた解がこれらの実験測定結果をも満たしているように要求したい，としよう．この場合，誤差関数にさらに

$$\mathcal{E}_{\mathcal{D}} = \sum_{i=1}^{N} \left[\boldsymbol{f}(t_i, \boldsymbol{x}_i) - \boldsymbol{g}_i \right]^2 \tag{A4.6}$$

を加えておけば，この情報が付加した解を求めることができる．このような離散時空点におけるデータを微分方程式系の解に適用することは，初期条件をおく際にも可能であり，実験測定との関係を親密に取ることができるという利点がある．

また，第 2 の利点として，解きたい微分方程式に不定性があったとしよう．例えば，微分方程式がいくつかの項の和として書かれる場合で，それぞれの項の係数が不明である場合，また，方程式自体が有効記述である場合で，無視していた項の大きさが不明である場合，などである[*5)]．不定性が係数定数 λ である場合に，その依存性も含めた微分方程式を

$$\frac{\partial}{\partial t} \boldsymbol{f} = F(t, \boldsymbol{x}, \boldsymbol{f}; \lambda) \tag{A4.7}$$

と書いたとしよう．このように一般化しても，先ほどまでの誤差関数の記述とは何ら変わりがない．λ をも学習されるパラメータとして誤差を最小にするよ

*5)　有効記述である場合とは，非相対論的な近似などの場合が例として挙げられよう．法則が非相対論的，つまり質点の速さ v が光速 c に比べて十分小さい場合には，ラグランジアンにおいて v/c の最も低いべきの項しか必要とされないが，相対論的な運動の場合には，高いべきの項が必要となってくる．このように，運動方程式は何らかの近似で導出されている場合が多く，高次の微分項が無視された形になっている．これを（低エネルギーの）有効記述と呼んでいる．

うにすれば，時空点として多様な観測値との整合性から，微分方程式の不定パラメータ λ を学習で決定することができる．もちろん，物理学的に λ が正であるべきだ，などの情報があれば，それを誤差関数に追加すればよい．また，誤差関数のどの誤差をどの程度減らしたいかについては，誤差関数のそれぞれの項の前の係数を，ハイパーパラメータとして自分で調整すればよい．特に，本節の表記では誤差関数を 2 乗平均誤差としたが，他の誤差指標を用いても構わない．

このように，物理学の情報を用いて，微分方程式の解を求める，もしくは微分方程式自体の不定性を実験データから決定する，という手法が PINN である．利用できる微分方程式は非常に幅広い．例えば，次章で取り上げる NN 波動関数も，PINN の 1 つのバージョンであると考えることができる．基底状態の波動関数を出力として得たい場合，誤差関数としてはハミルトニアンの期待値としておけば，学習された関数が基底状態の波動関数そのものとなる．波動関数が規格化されているとしたいならば，規格化条件を誤差関数として足しておくのもよい．

A4.3　NN を微分方程式とみなす

A4.3.1　機械学習における微分方程式の取り扱い方法

前節で取り上げた PINN は，微分方程式を満たすような解を一般のニューラルネットワークで表現して求める，といったニューラルネットワークの使い方であった．この学習方法で作られた解すなわち関数を表すニューラルネットワークは，解空間の多様性のみを包含していれば，どんなものでもよかった．このようにして得られた解としての関数は，解釈が非常に難しいものとなってしまうという欠点がある．非常によい精度で微分方程式を解くだけならよいのだが，得られた解を特徴付けようとすると，ニューラルネットワークの「ブラックボックス」と呼ばれる困難が待ち受けている．例えば，物理学で関数にフーリエ変換を行うのは，それによって微分方程式が解析的に解きやすくなるだけでなく，同時に，解の物理的意味が明らかになるからである．すなわち，自由粒子や自由な波に関しては，フーリエ基底を用いると，運動量やエネルギーの固有状態としての意味付けが得られる．このような応用方法を機械学習に求めるのは，機械学習の解釈可能性の問題と相まって，重要なテーマである．

このような考えに基づくと，ニューラルネットワーク自体に物理としての意味，すなわち，微分方程式としての意味を持たせることが意義を持ってくる．実際のところ，ニューラルネットワークの発想自体が，空間的に配置されたニューロンの集合の時間的なアップデートというところからきているため，物理的な時間や空間がニューラルネットとその時系列的な発展に直結している．また，非常に初期のニューラルネットワークは物理的な観念に基づいて作られたものが多い．例えば，ボルツマンマシンと呼ばれるニューラルネットワークは，スピンと同じ 2 値の自由度を持った，原子のようなノードが互いに 2 体相互作用しており，その総体が取る確率分布をボルツマン分布の形に仮定したものである．また，連想記憶のモデルであるホップフィールド模型（Hopfield network）は，スピングラスと呼ばれる，基底状態が縮退した相を念頭に発明されたものである．

ここで注意したいのは，ニューラルネットワークと微分方程式の間の関係が，前節での PINN における取り扱いと，まったく異なっていることである．PINN においては，ニューラルネットワークの入力は t や x であり，そして出力が場 $f(t,x)$ であった．一方，ニューラルネットワーク自体を微分方程式であると考える立場では，ニューラルネットワークの層が深くなる方向が時空間の方向に対応する．層の番号を l（以降，上付きの (l) で表す）と呼ぶなら，$l = 1, 2, 3, \ldots$ のそれぞれの値における層のユニットの出力が，それぞれの時刻における場の値となる．ニューラルネットワークへの入力は，ある時刻の初期の場の配位であり，出力はある終時刻での場の配位である．このように，微分方程式をニューラルネットワークに対して「適用する」という観点が根本的に異なっていることに注意したい．

このような，ニューラルネットワークと微分方程式の関係を考えるとき，残念なことに，ニューラルネットワークの構造（アーキテクチャ）は，それ自体が物理学的な意味を持つようには発展してきていない．学習対象に適合するように，随時多様なアーキテクチャが考案されてきた．そのため，一般のニューラルネットワークに物理的な意味があるというわけではない．

そこでこの節以降では，ニューラルネットワークが微分方程式を表す時空であると考えるためにはどのような条件が必要なのかをやや詳しくみていくことにする．これにより，微分方程式の解としてのデータが与えられた際に，そこから微分方程式自体を決定するという逆問題への機械学習の利用法もみえてくることになる．

A4.3.2 NN の 局 所 性

微分方程式における時間発展の局所性が，ニューラルネットワークにどのように矛盾なく埋め込めるかをみていくために，まず典型的なフィードフォワード型のニューラルネットワークを復習しておこう．図 A4.1 のようなニューラルネットワークを考える．層が左から右に並び，各層には同じ次元のベクトル x_i が並んでいる（本節では，添字 i はベクトルの要素をラベルするものとする）．層の間は，線形変換 $x_i \to J_{ij}x_j$ と，活性化関数による局所非線形変換 $x_i \to \sigma(x_i)$ が順番に作用している．この積み重ねにより，ニューラルネットワークの最終的なアウトプット y は

$$y(x^{(1)}) = f_i\sigma\Big(J_{ij}^{(N-1)}\sigma\big(J_{jk}^{(N-2)}\cdots\sigma(J_{lm}^{(1)}x_m^{(1)})\big)\Big) \tag{A4.8}$$

と書かれる．ここで，バイアスについては簡単のため省略した．

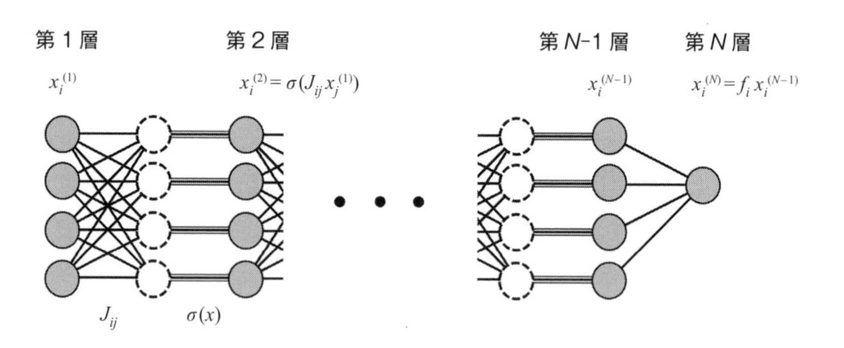

図 A4.1 典型的なディープニューラルネットワーク．実線は行列 J を掛ける線形変換，三重線は非線形変換（活性化関数）を表す．

教師あり学習とは，ニューラルネットワークのパラメータ[*6] $(f_i, J_{ij}^{(n)})$ $(n = 1, 2, \ldots, N-1)$ を逐次変化させることにより，次の誤差関数

$$\mathcal{E} = \sum_{\text{data}} \left| y(\bar{x}^{(1)}) - \bar{y} \right|^2 + \mathcal{E}_{\text{reg}}(J) \tag{A4.9}$$

を数値的に最小化することである．式 (A4.9) において，和は教師データのペア $\{(\bar{x}^{(1)}, \bar{y})\}$ の集合 $\mathcal{D}$ 全体を走る．$\bar{x}^{(1)}$ は第 1 層に入力する入力データであり，$\bar{y}$ は最終層から出力されるはずの正解出力データである．また，正則化項 $\mathcal{E}_{\text{reg}}$ は学習の振る舞いを制御するために人為的に導入するものである．

さて，このフィードフォワード型のニューラルネットワークでは，データの受け渡しとして，ある層の $x^{(l)}$ が 1 つ前の層の $x^{(l-1)}$ によって完全に決定されている．これは，物理学でいう局所性の表れと考えることができる．ニューラルネットワークの層が深くなる方向に「空間」(もしくは「時間」) を想定し，その上の離散的な点でのみ測定ができるとして，ある点での測定値はその隣の地点にのみ影響を与えるという意味の局所性である．次項ではこの局所性に基づいて，フィードフォワード型のニューラルネットワークと微分方程式の関係についてみていこう．

一方で，同一の層の中での局所性はどうであろうか．後でより詳しく述べるが，このままでは局所性が存在していない．全結合のニューラルネットワークでは，同一層内のユニットと，次の層のユニットのすべてが結合しているため，あらゆるユニット間のやり取りが可能となる．したがって，層に平行な方向を空間もしくは時間とみなすことは，このままでは難しい．この点は，畳み込みニューラルネットワークを考えることで解決されることを，後にみてみよう．

A4.3.3 ResNet と微分方程式

フィードフォワード型のニューラルネットワークの層方向 (時間) 発展の局所性を考慮すると，微分方程式を離散化したものとしてニューラルネットワークの特殊な例を考案することができる．これがまさに ResNet (**残差ニューラル**

[*6] 本章では重みを W ではなく J と記すこととする．その心は，例えばボルツマンマシンのようなモデルを考えた場合，ニューロン間の結合である重みは，スピン・スピン相互作用を表しており，物理学では通常それを J_{ij} と記すからである．

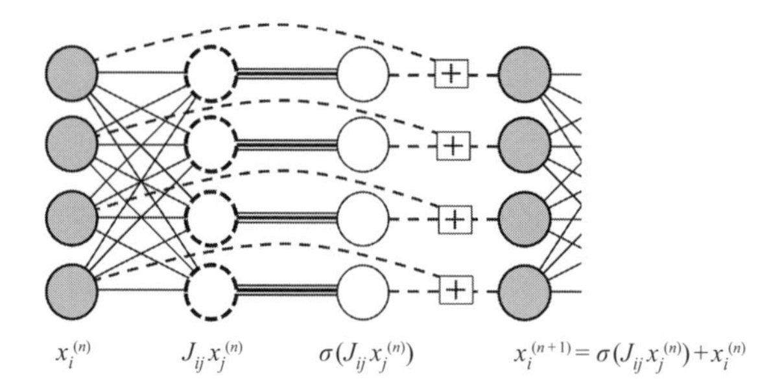

図 A4.2 ResNet：先の図 A4.1 に表された典型的なディープニューラルネットワークの構造に，点線で表された，$x_i^{(n)}$ を加える作用が加わっている．「＋」を囲む箱は，入力を足し合わせる線形変換を表す．

ネットワーク，residual network）と呼ばれるディープニューラルネットワーク[2]である．ResNet はその発表の 2016 年当時，非常に層数が多くても学習が進む効率のよいネットワークとして評判を得，アルファ碁ゼロにも用いられていた．A2.7.1 項でも紹介したので，参照のこと．

ResNet は，ニューラルネットワークの各層で迂回路を設け，その迂回路を出力と合算して合流させるものである．

$$x_i^{(n+1)} = x_i^{(n)} + \sigma(J_{ij}x_j^{(n)}). \tag{A4.10}$$

右辺の第 2 項が，先ほどの典型的なニューラルネットワークであるが，第 1 項が迂回路（skip connection）である．

このような項を加えることで，深層化しても学習が進むことが判明してきた[*7]．その理由は，誤差逆伝播が効率的に進むからではないかとも考えられている．ResNet の概念図を図 A4.2 に示す．

さて，迂回路を用いるある種の ResNet は，ある種の微分方程式を離散化したものとして得ることができる[4]ことをみよう．一般に，力学系の時間発展を

[*7] ResNet の登場より早く，迂回路の可能性は検討されている．これは highway network と呼ばれ[3]，次のような形をしている．

$$x^{(n+1)} = T\left(\tilde{J}x^{(n)}\right)\sigma\left(Jx^{(n)}\right) + \left(1 - T\left(\tilde{J}x^{(n)}\right)\right)x^{(n)}. \tag{A4.11}$$

ここで，学習対象となっている $T(\tilde{J}x^{(n)})$ は，迂回路に回す量の割合を決めている．$T(\tilde{J}x^{(n)})$ を定数とし $T = 1/2$ とおけば，ResNet 式 (A4.10) が得られる．

決める方程式からはじめてみる.

$$\dot{x}_i(t) = f_i(x_j(t)). \tag{A4.12}$$

この時間発展の微分方程式において,時間 t を離散化すると,次の式を得る.

$$x_i(t_{n+1}) = x_i(t_n) + (\Delta t) f_i(x_j(t_n)), \quad t_{n+1} = t_n + \Delta t. \tag{A4.13}$$

この式は,ResNet の式 (A4.10) と同一の形をしている.このことからわかるのは,深層化した ResNet が微分方程式としての解釈を許すことである.もちろん,差分を微分に移行する際には,離散化の単位 Δt をゼロに持っていく連続極限に注意*8) せねばならない.

ここで注意したいことは,機械学習において学習されるのは学習パラメータすなわち重みやバイアスであり,それは式 (A4.10) からもわかる通り,微分方程式それ自体が学習される対象であるということである.一方,学習のための教師データは,初期時刻における x_i の値と,それに対応する終時刻での x_i の値の組,となっている.つまり,力学系の発展方程式が不明であるときに,初期時刻と終時刻でのデータが与えられ,それを再現するような法則を探しなさい,という逆問題の取り扱いとなっているのである.

離散化せずに力学系の微分方程式そのものを学習する機械学習フレームワークもあり,それは**ニューラル ODE** と呼ばれている[5].例えば,式 (A4.10) における f_i を,新たなニューラルネットワークを導入してパラメータ表示し,そのパラメータを学習により決定することで,微分方程式を決定するのである.これをよりわかりやすくするために,新たなニューラルネットワークを導入せずに,単純化してみよう.f_i としてニューラルネットワークを持ってくるのではなく,次のように展開し

$$f_i = w_i + w_{ij} x_j + w_{ijk} x_j x_k + w_{ijkl} x_j x_k x_l + \cdots . \tag{A4.14}$$

ここで現れる係数 $(w_i, w_{ij}, w_{ijk}, w_{ijkl}, \ldots)$ を学習パラメータとする.このように考えると物理学的にはわかりやすい.力学系の発展方程式 (A4.12) の右辺

*8) 深層化の連続極限については,データ同化の観点でも文献[6] などで議論されている.

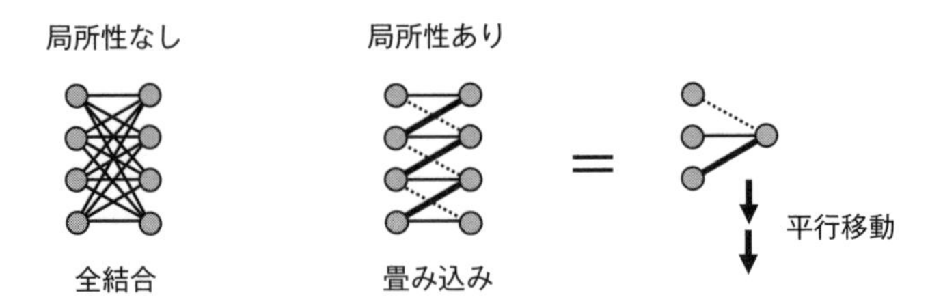

図 A4.3 層の内部方向の局所性を復活させるための試み．畳み込みニューラルネットワークとは，空間局所性を担保したニューラルネットワークである．

に現れる項の係数を決定する問題となるのである．微分方程式のまま取り扱うことは，常微分方程式の様々なソルバーを数値的に利用できることや，また離散化の度合いをデータに応じて変更することで離散化の人工的な誤差を減らすことができるなど，利点がある．

A4.3.4 層内の局所性と畳み込み NN

さて，以前にも述べたように，層内のユニットから次の層にデータを受け渡す際，全結合のニューラルネットワークでは，層内の方向への局所性が失われてしまう．ユニットが層の内部で並ぶことに空間的な意味付けをするのであれば，全結合のニューラルネットワークではなく，局所性を尊重した結合に変更せざるを得ない．

実際，画像認識の機械学習の場合を考えてみると，ユニットへの入力は一般には画素の色調情報であり，どのユニットがどのユニットの隣であるか，といった情報が，画像認識において非常に重要であろうことは想像にたやすい．局所性の概念は，自然にニューラルネットワークの必要性として持ち込まれることになる．A3.3 節で解説された畳み込みニューラルネットワークは，局所性に配慮したものである．

微分方程式の観点から，層内の局所性をみてみよう．図 A4.3 に概念図を示している．近隣のユニットをまとめた単位セルを考え，そのセル内でのみ，重み行列が非ゼロとなってつながっていると仮定しよう．次に，簡単のため，あるセルにおいて重み行列が与えられた際に，そのセルを平行移動した際も同じ重み行列で与えられるとしよう．このように考えられたものが，畳み込みニューラルネットワークである.

図の縦方向を, 座標 x で張られる空間を離散化したものとし, その離散点を $x = x_k = k\Delta x$ $(k = \ldots, -1, 0, 1, 2, \ldots)$ と与えることとする. このとき, 入力は場 $\phi(x)$ のそれぞれの点での値となるのである. 層の中の k 番目のユニットの入力は $\phi(x_k)$ となる. 以前のように時間方向も離散化していたとすると, 発展方程式は

$$\phi(t_{n+1}, x_k) = \phi(t_n, x_k) + (\Delta t) f(\phi(t_n, x_k)) \tag{A4.15}$$

のように与えられるはずである. 微分方程式を決めているこの f と呼んだ演算子は, 空間微分などを含むものである. したがって, 例えば

$$f \sim w\phi(t, x) + w'_i \frac{\partial}{\partial x_i}\phi(t, x) + w''_{ij} \frac{\partial}{\partial x_i}\frac{\partial}{\partial x_j}\phi(t, x) + \cdots \tag{A4.16}$$

のようなものであり（ここで "$\sim$" は連続極限を取った後の表示を意味する）, 離散化した表示では

$$f\phi(t_n, x_k) = w\phi(t_n, x_k) + w'\Big[\phi(t_n, x_{k+1}) - \phi(t_n, x_k)\Big](\Delta x) \tag{A4.17}$$

$$+ w''\Big[\phi(t_n, x_{k+1}) - 2\phi(t_n, x_k) + \phi(t_n, x_{k-1})\Big](\Delta x)^2 + \cdots \tag{A4.18}$$

を得る. ここで簡単のため, x を 1 次元とした.

つまり, 微分方程式の微分の階数が高くなればなるほど, 遠くのユニットが結合することとなる. 物理学における局所性は, 微分の階数を有限に取ることで保証されるが, これはニューラルネットワークでも同じことであり, ユニットの間の結合を近隣に限ったり, また共有化することが, 微分方程式としての意味をニューラルネットワークに持たせることに対応している.

A4.4　NN による具体的な運動方程式の表現

それでは, 与えられた物理的な環境を NN で表現できるか, 具体例に基づいてみていくことにしよう. ここでは, 摩擦力が不明な 1 次元質点力学系, そして一般の 1 次元ハミルトン系, のそれぞれの時間発展の運動方程式をニューラ

ルネットワークで表現することをみる.

A4.4.1 ポテンシャル内の粒子の例

摩擦力が働くような状況での質点の運動方程式の例として, 次のものを考える. 時刻 t における質点の位置を $x(t)$ として,

$$\ddot{x}(t) + h(t)\dot{x}(t) - w^2 x(t) - \lambda(x(t))^3 = 0\,. \tag{A4.19}$$

ここで $h(t)$ は時間に依存する摩擦, w や λ は運動方程式を司る定数で, これらはすべて不明であるとしておく. 初期状態 $x\,(t=0)$ と終状態 $x\,(t=T)$ のペアが, 実験測定結果として与えられたとしよう. このペアが十分あれば, 不明な係数や摩擦を表す関数を決定できるはずである. このようなシステム決定問題を機械学習で解きたいときに, 微分方程式をニューラルネットワークで表すことが役に立つだろう.

前節でみた, 力学系をニューラルネットワークで表示する方法を思い出し, まず 1 階の微分方程式に落とすために速さ関数 $v(t) = \dot{x}(t)$ を導入して, 方程式を 1 階に落としておく.

$$\dot{x}(t) = v(t)\,, \tag{A4.20}$$

$$\dot{v}(t) = -h(t)v(t) + w^2 x(t) + \lambda(x(t))^3\,. \tag{A4.21}$$

次に微分を差分と置き換える. 時間の最小間隔を Δt としておくと,

$$x_{n+1} = x_n + \Delta t \cdot v_n\,, \tag{A4.22}$$

$$v_{n+1} = v_n + \Delta t \cdot \left(-h_n v_n + w^2 x_n + \lambda(x_n)^3\right)\,. \tag{A4.23}$$

行列表記に書き換えれば

$$\begin{pmatrix} x_{n+1} \\ v_{n+1} \end{pmatrix} = \begin{pmatrix} 1 & \Delta t \\ w^2\Delta t & 1 - h_n\Delta t \end{pmatrix} \begin{pmatrix} x_n \\ v_n \end{pmatrix} + \begin{pmatrix} 0 \\ \lambda\Delta t(x_n)^3 \end{pmatrix}. \tag{A4.24}$$

この行列部分が重み行列と考えることができる. また, 右辺の第 2 項を, 活性化関数のような非線形な演算と考えることもできる. そうすれば, 時間発展が

ニューラルネットワーク表示できたことになる[*9)].

注意したいことは，重み行列の成分のうちいくつかは完全に固定され，変数とはならないという点である．このように疎な重み行列を持ってくることで，物理的に解釈可能なニューラルネットワークとなる．

A4.4.2　ハミルトン力学系

それでは，任意のハミルトン力学系をニューラルネットワーク表示できるのだろうか．限られたクラスのハミルトニアンであれば，局所的な活性化関数を用いたニューラルネットワーク表示が容易にできることを，本項ではみていくことにする[*10)].

ハミルトニアンによる時間発展は，ハミルトニアン $H(p,q)$ が与えられれば，次の**ハミルトン方程式**で与えられる．

$$\dot{q} = \frac{\partial H}{\partial p}, \quad \dot{p} = -\frac{\partial H}{\partial q}. \tag{A4.25}$$

ここでは簡単のために，1 次元系，すなわち $p(t)$ と $q(t)$ が 1 つずつの場合を考えることにするが，多次元系への一般化は容易である．

離散的な時間並進 $t \to t + \Delta t$ を層の間の変換と同一視したニューラルネットワークは，

$$\begin{aligned} q(t+\Delta t) &= \sigma_1(J_{11}q(t) + J_{12}p(t)), \\ p(t+\Delta t) &= \sigma_2(J_{21}q(t) + J_{22}p(t)) \end{aligned} \tag{A4.26}$$

のように書ける．つまり，線形変換 J と非線形な局所変換 σ を続けて行うということである．ここで「局所」と呼んでいるのは，σ_1 の引数は 1 つ目のユニットの値のみ，σ_2 の引数は 2 つ目のユニットの値のみであることを意味する．このネットワークを図 A4.4 左に示す．ここで，ユニット $x_1^{(n)}$ と $x_2^{(n)}$ は，直接，$q(t)$ と $p(t)$ に同一視されている．時間 t は離散化され，その間隔を Δt として，$t = n\Delta t$ と表されている．

---

*9)　なお，ここで考えた運動方程式は，曲がった時空上のスカラー場の方程式と同等になる場合があり[7)]，このことを用いて，弦理論のホログラフィー原理における曲がった時空のメトリックを機械学習で得ることに成功した．このとき，上記の摩擦力が時空メトリックに対応する．

*10)　この節の結果は文献[7)] による．

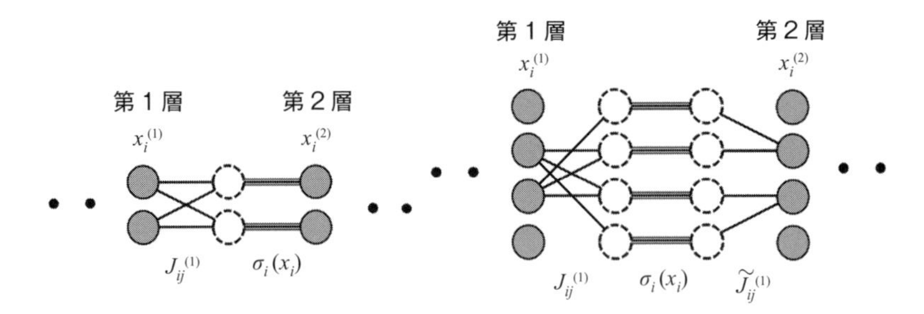

図 A4.4　左：正準変数をニューラルネットワークのユニットとみなし，層の間の変換を離散時間並進とみた，単純なネットワーク．右：より一般のハミルトン力学系を表すために拡張されたニューラルネットワーク．

では，ハミルトン方程式 (A4.25) は，ニューラルネットワーク式 (A4.26) の形に書けるだろうか．まず，そもそも，式 (A4.26) が，連続時間での微分方程式を離散化したものと解釈できるためには，式 (A4.26) が $\Delta t = 0$ で矛盾なく等式になる必要がある．したがって，次の条件が重み J と活性化関数 σ に対して要求される．

$$J_{11} = 1 + \mathcal{O}(\Delta t), \quad J_{22} = 1 + \mathcal{O}(\Delta t), \tag{A4.27}$$

$$J_{12} = \mathcal{O}(\Delta t), \quad J_{21} = \mathcal{O}(\Delta t), \tag{A4.28}$$

$$\sigma(x) = x + \mathcal{O}(\Delta t). \tag{A4.29}$$

これらを満たすため，次のようにおいてみよう．

$$J_{ij} = \delta_{ij} + w_{ij}\Delta t, \quad \sigma_i(x) = x + g_i(x)\Delta t. \tag{A4.30}$$

ここで w_{ij} $(i,j = 1,2)$ は定数パラメータの重みであり，$g_i(x)$ $(i = 1,2)$ は非線形関数である．これらを式 (A4.26) に代入し，$\Delta t \to 0$ の極限を取ると，次の表式を得る．

$$\dot{q} = w_{11}q + w_{12}p + g_1(q), \tag{A4.31}$$

$$\dot{p} = w_{21}q + w_{22}p + g_2(p). \tag{A4.32}$$

これらがハミルトン方程式 (A4.25) となるためには，これらの右辺がシンプレクティックな関係式を満たす必要がある．

$$\frac{\partial}{\partial q}\left(w_{11}q + w_{12}p + g_1(q)\right) + \frac{\partial}{\partial p}\left(w_{21}q + w_{22}p + g_2(p)\right) = 0. \qquad \text{(A4.33)}$$

しかしながら，残念なことに，この方程式は，いかなる非線形 $g_i(x)$ をも許さない．したがって，ユニットのベクトルと (p, q) を単純に同一視するだけでは，線形なハミルトン方程式しか得ることができないことになる．これでは，物理学的に面白い状況を得ることができないばかりか，線形ならば重みのそれぞれをデータから個々に決定することができない（データは入出力関係のみに条件を与えるため，線形なネットワークでは重みの積にしか条件が付かない）ため学習を進めることができない．

そこで，少し工夫をしよう．ユニットと正準変数の関係を拡張し，また，時間発展と層の間の変換の関係を拡張する．次のような関係を仮定しよう．

$$x_i(t + \Delta t) = \widetilde{J}_{ij}\sigma_j(J_{jk}x_k(t)). \qquad \text{(A4.34)}$$

これは，次の 2 つの点で，以前の式 (A4.26) とは異なっている．第 1 に，$x_1 = q$ と $x_2 = p$ は以前と同じだが，他に x_0 と x_3 を加え，$i, j, k = 0, 1, 2, 3$ としている点．第 2 に，$\widetilde{J}$ を導入していることである．この第 2 の点は，ニューラルネットワークを変更してはいない．単に，層の間をつなぐ J を 2 つの線形変換に分け，奥の層で作用している線形変換の一部を手前に作用しているように書き直しただけである．このように，時間の離散並進とネットワークの層の並進を若干ずらして，線形変換 $J \to$ 非線形局所変換 $\sigma \to$ 線形変換 $\widetilde{J}$，の組み合わせを Δt の時間並進とみなすことにする．

このように拡大分割されたニューラルネットワークにおいて，次のように疎な重みと局所活性化関数を選んでみる．

$$J = \begin{pmatrix} 0 & 0 & v & 0 \\ 0 & 1 + w_{11}\Delta t & w_{12}\Delta t & 0 \\ 0 & w_{21}\Delta t & 1 + w_{22}\Delta t & 0 \\ 0 & u & 0 & 0 \end{pmatrix}, \quad \widetilde{J} = \begin{pmatrix} 0 & 0 & 0 & 0 \\ \lambda_1 & 1 & 0 & 0 \\ 0 & 0 & 1 & \lambda_2 \\ 0 & 0 & 0 & 0 \end{pmatrix}, \qquad \text{(A4.35)}$$

$$\begin{pmatrix} \sigma_0(x_0) \\ \sigma_1(x_1) \\ \sigma_2(x_2) \\ \sigma_3(x_3) \end{pmatrix} = \begin{pmatrix} f(x_0)\Delta t \\ 1 \\ 1 \\ g(x_3)\Delta t \end{pmatrix}. \tag{A4.36}$$

ここで (u, v, w_{ij}) $(i, j = 1, 2)$ は重み定数である．このニューラルネットワークの概念図は図 A4.4 右に示されている．

この時間並進の定義を用いると，層の間の変換は

$$\dot{q} = w_{11}q + w_{12}p + \lambda_1 f(vp), \tag{A4.37}$$

$$\dot{p} = w_{21}q + w_{22}p + \lambda_2 g(uq) \tag{A4.38}$$

と得られる．ハミルトニアンのシンプレクティック構造の条件は $w_{11} + w_{22} = 0$ となり，簡単に満たすことができる．対応するハミルトニアンは

$$H = w_{11}pq + \frac{1}{2}w_{12}p^2 - \frac{1}{2}w_{21}q^2 + \frac{\lambda_1}{v}F(vp) - \frac{\lambda_2}{u}G(uq) \tag{A4.39}$$

であり，ここで $F'(x_0) = f(x_0)$, $G'(x_3) = g(x_3)$ と選んだ．これが，ディープニューラルネットワーク表現を持つ非線形ハミルトニアンである．

例として，例えば

$$w_{11} = w_{21} = 0, \quad w_{12} = \frac{1}{m}, \quad \lambda_1 = 0, \quad \lambda_2 = 1, \quad u = 1, \tag{A4.40}$$

と選んだとすると，対応するハミルトニアンは，任意のポテンシャル中を運動する非相対論的粒子のハミルトニアンとなる．

$$H = \frac{1}{2m}p^2 - G(q). \tag{A4.41}$$

また，$F(p)$ を工夫すれば，相対論的な粒子のハミルトニアンも作ることができることが，容易にわかる．

さらに一般の，p と q の両方が非線形関数として含まれるような非線形ハミルトニアンをニューラルネットワークで構築するには，その非線形性の基準となる線形の組み合わせを基準としたネットワーク構成が必要になる．

●まとめ

本章では，ニューラルネットワークと微分方程式の関係を，様々な観点から

みてきた．微分方程式は，物理学では本質的な位置にあり，これは物理学における因果性と局所性という2つの原理に基づくと自然に現れるものである．与えられた微分方程式を解く場合には，ニューラルネットワークの万能近似定理に依拠して，誤差関数が最小化された際に微分方程式が満たされるように機械学習のアーキテクチャを作っておくことで，解を得ることができた．PINNと呼ばれる物理知ニューラルネットワークは，境界条件や実験値などを反映させることが容易になるという利点があり，特に微分方程式自体に不定性がある場合，つまりシステム決定問題が内在する場合，にも利用することができる汎用手法であり，盛んに応用がなされている．

また，ニューラルネットワーク内のデータの層間伝搬自体を運動方程式とみなすような，微分方程式とニューラルネットワークの関係を構築することもできる．この場合，微分方程式の不定性が高い場合でも，そのまま重みを学習することで微分方程式自体を学習できる．また，残差ニューラルネットワークに代表されるような深層学習がなぜうまく機能しているのかを理解する上で，物理学的な力学系方程式との対応は，歓迎されるものである．

物理学の機械学習における位置付けには，多くのパターンがありうるため，一言で微分方程式とニューラルネットワークといっても，多くの状況がありうることがおわかりいただけただろうか．それにもかかわらず，様々な物理的状況を機械学習が受け入れ，従前の手法を改良していけるのは，機械学習がメタ科学として十分に物理学と融合しはじめている証拠でもあろう．次章では特に量子力学と機械学習の融合について，掘り下げていこう．

コラム　保存則と対称性

本章は保存則についての考察からスタートしたが，保存則といえば対称性，と考える読者も多いかもしれない．実際，ネーターの定理（Noether's theorem）を学んだ読者であれば，作用に対称性があれば，それに付随して保存カレントが存在することを思い出すかもしれない．本章でみたように，ニューラルネットワークに微分方程式が対応させられるならば，ニューラルネットワークの対称性を考えることで，学習過程に現れる保存則などを議論することができるだろう．ニューラルネットワークの力学変数は重みやバイアスであるので，対称性変換とは重みやバイアスを変換することであり，また対称性が存在するとは，誤差関数がその変換の下で不変であるということに対応している．

興味深いことに，このとき，学習の過程で保存量が存在することが示されている[8]．また，ニューラルネットワークの対称性の背後には，重力の対称性である一般座標変換が潜んでいることもわかってきた[9]．興味ある読者は，より深い機械学習と物理学の関係について学んでみるとよいだろう．

[橋本幸士]

文 献

1) M. Raissi, P. Perdikaris, and G. E. Karniadakis, Physics-informed neural networks: A deep learning framework for solving forward and inverse problems involving non-linear partial differential equations, *Journal of Computational physics*, **378**, 686–707 (2019).
2) K. He, *et al.*, Deep residual learning for image recognition, *In Proceedings of the IEEE conference on computer vision and pattern recognition*, 770–778 (2016).
3) R. K. Srivastava, K. Greff, and J. Schmidhuber, Highway networks, arXiv preprint arXiv:1505.00387 (2015).
4) E. Weinan, A proposal on machine learning via dynamical systems, *Communications in Mathematics and Statistics* **1** (5), 1–11 (2017).
5) R. T. Chen, *et al.*, Neural Ordinary Differential Equations, *Advances in neural information processing systems*, **31** (2018).
6) H. D. Abarbanel, P. J. Rozdeba, and S. Shirman, Machine learning: Deepest learning as statistical data assimilation problems, *Neural computation*, **30** (8), 2025–2055 (2018).
7) K. Hashimoto, *et al.*, Deep learning and the AdS/CFT correspondence, *PRD*, **98** (4), 046019 (2018).
8) H. Tanaka and D. Kunin, Noether's learning dynamics:Role of symmetry breaking in neural networks, *Advances in Neural Information Processing Systems*, **34**, 25646–25660 (2021).
9) K. Hashimoto, Y. Hirono, and A. Sannai, Unification of Symmetries Inside Neural Networks:Transformer, Feedforward and Neural ODE, arXiv preprint arXiv:2402.02362 (2024).

A5

量子力学と機械学習：NN波動関数

この章では，量子力学の問題に機械学習で使用されるニューラルネットワーク（neural network, NN）がどう役立つのかをみていく．特に，相互作用する多粒子の系に現れる量子状態をNNに基づいた波動関数で表現する方法について紹介する．

A5.1　量子力学と固有値問題

まずは，量子力学と線形代数の関係性について簡単におさらいしよう[1,2]．1次元系で時間に依存しないポテンシャル $V(x)$ の存在下で運動する質量 m の粒子の**シュレディンガー方程式**（Schrödinger equation）は

$$i\hbar\frac{\partial}{\partial t}\Psi(x,t)=\left[-\frac{\hbar^2}{2m}\frac{\partial^2}{\partial x^2}+V(x)\right]\Psi(x,t) \tag{A5.1}$$

で与えられる．ここで，$\Psi(x,t)$ は位置 x と時間 t における粒子の波動関数である．今の場合，$H=-\dfrac{\hbar^2}{2m}\dfrac{\partial^2}{\partial x^2}+V(x)$ と定義される**ハミルトニアン**（Hamiltonian）は時間に依存しない．古典力学では，時間依存しないポテンシャルの下で粒子のエネルギーが保存する．量子力学でも，ハミルトニアンが時間に依存しない場合は粒子のエネルギーが保存するはずである．実際，波動関数 $\Psi(x,t)$ が位置のみの関数 $\psi(x)$ と時間のみの関数 $\phi(t)$ の積で書けると仮定すると，位置に依存する項と時間に依存する項を分離できて，$\dfrac{i\hbar}{\phi(t)}\dfrac{d}{dt}\phi(t)=\dfrac{1}{\psi(x)}H\psi(x)$ と書き直せる．両辺が定数 E に等しいとおくと，時間に依存する関数 $\phi(t)\propto\exp(-iEt/\hbar)$ と，位置に依存する関数 $\psi(x)$ に対する時間に依存しないシュレディンガー方

程式

$$H\psi(x) = E\psi(x) \tag{A5.2}$$

が得られる．定数 E は系のエネルギーとみなせる．

式 (A5.2) の解として $\psi_1(x)$ と $\psi_2(x)$ が見つかれば，それらの線形結合 $\psi_3(x) = c_1\psi_1(x) + c_2\psi_2(x)$ （c_1, c_2 は定数）も解となる．したがって，シュレディンガー方程式には線形性があり，時間に依存しないシュレディンガー方程式を解くことはハミルトニアン H の**固有値問題**を解くことと等価である．波動関数 $\psi(x)$ は H の固有関数であり，エネルギー E は H の固有値である．

量子力学の問題を解くことは固有値問題を解くことに帰着されるが，一般の固有値問題を解くことは解析的にも数値的にも難しい．**この章で実行したいことは，量子力学に現れる固有値問題を解いたときに得られる真の固有状態（に非常に近い状態）を NN に基づいた波動関数によって表現すること**である．

この章の構成は以下の通りである．A5.2 節では，固有値問題の具体例として格子上で定義される相互作用した多粒子系の問題を紹介する．また，これらの問題を解くための通常の方法についても解説する．A5.3 節では，固有値問題への適用範囲が広い，変分法について述べる．A5.4 節と A5.5 節では，統計力学で最も基本的な模型の 1 つである**横磁場イジング模型**（transverse-field Ising model）を例に挙げて，通常の方法と NN 波動関数の方法を比較しながら固有値問題を解く．特に，A5.4.1 項，A5.4.2 項では手計算を行う．小さな系を表す模型に対して，前者では厳密解について，後者では NN 波動関数による解析について述べる．一方で，A5.5.1 項，A5.5.2 項ではパソコンなどの計算機を用いる．前者では数値的に厳密な固有値問題の解法，後者では NN 波動関数による数値解法について述べる．最後に，A5.6 節において近年の研究の動向について簡単に触れる．

この分野の研究がどのように動機付けられてきたのかを理解するには，A5.2 節から A5.3 節までの内容を読むとよい．動機付けについては理解しており，量子力学の固有値問題への NN 波動関数の適用について手を動かしながら大まかな雰囲気を掴みたいときには，A5.4.1 項と A5.4.2 項を読むことをお勧めする．研究を行う際には，A5.5.1 項と A5.5.2 項が参考になると期待している．

表 A5.1 物性物理学や量子統計力学によく現れる量子多体模型の例．あくまでも例として挙げており，その詳細について必ずしも深く理解する必要はない．なお，ハバード模型のハミルトニアンは第 2 量子化表示[2-4] で記載している．

模型	ハミルトニアン	補足事項
ハバード模型（Hubbard model）	$H = -\sum_{i,j,\sigma} t_{ij}\left(c^\dagger_{i,\sigma}c_{j,\sigma} + c^\dagger_{j,\sigma}c_{i,\sigma}\right) + \sum_i U_i n_{i,\uparrow}n_{i,\downarrow}$	超伝導体や磁性体を記述する最も単純な模型の 1 つ．t_{ij} は飛び移り積分，U_i は相互作用．$c^\dagger_{i,\sigma}$ と $c_{i,\sigma}$ はそれぞれ i 番目のサイトにスピン σ の電子を生成・消滅させる演算子．$n_{i,\sigma} = c^\dagger_{i,\sigma}c_{i,\sigma}$ は i 番目のサイトのスピン σ の電子の数を表す演算子．
ハイゼンベルグ模型（Heisenberg model）	$H = \sum_{i,j} J_{ij}\left(S^x_i S^x_j + S^y_i S^y_j + S^z_i S^z_j\right)$	磁性体を記述する模型．電子数がサイト数と同じハバード模型で相互作用を大きくした極限に相当する．J_{ij} は交換相互作用．$S^\alpha_i(\alpha = x, y, z)$ は i 番目のサイトの α 成分のスピン演算子．
横磁場イジング模型（transverse-field Ising model）	$H = -\sum_{i,j} J_{ij} S^z_i S^z_j - \sum_i \Gamma_i S^x_i$	統計力学の教科書によく登場する模型．J_{ij} は相互作用，Γ_i は横磁場．$S^\alpha_i(\alpha = x, z)$ は i 番目のサイトの α 成分のスピン演算子．

A5.2 格子上の量子多体問題

大学の学部の量子力学では，1 粒子の問題や相互作用のない多粒子の問題を主に扱う．一方で，現実のミクロな世界での粒子の振る舞いを理解するには，一般には相互作用のある多粒子系の問題を解かないといけない．そのような系は**量子多体系**と呼ばれる．

量子多体系で取り扱う問題がどのようなものなのかについて感覚を掴んでもらう目的で，実際の研究でもよく使用される格子上の量子多体問題のハミルトニアンの例を表 A5.1 に載せた．ここでは，主に物質の物理的な性質（物性）を記述するハミルトニアンと量子統計力学にしばしば登場するハミルトニアンを紹介した．ここに挙げたような問題に取り組むと，固体物理や量子化学の現実的な問題の解決につながったり，数理物理に現れるような未解決問題が解けたりする．

量子多体問題を解いて，格子点（サイト）の数（システムサイズ）を無限に大きくした極限（**熱力学極限**）における量子状態の振る舞いを明らかにすることは一般に容易ではない．そもそも，「解く」という言葉の意味は一意ではない．

「解く」という言葉の意味で一番わかりやすい例は，（コンピュータなどの数値計算なしに）解析的に量子多体問題の厳密な解を求めることができる場合である．しかし，この例は空間 1 次元の量子系などの特殊な場合に限られる．基本的に，スピンの演算子を粒子交換で波動関数の符号が反転する粒子（フェルミオン）の演算子に書き換える変換（ジョルダン・ウィグナー変換，Jordan–Wigner transformation）で元の模型を相互作用のない模型に変換できるとき[5,6]か，ベーテ仮設（Bethe ansatz）と呼ばれる特殊な手法が適用できるとき[7]のみである．

「解く」という言葉の意味で次に納得しやすいものは，統計誤差の範囲内で厳密な物理量が得られる場合である．物理量の計算に乱数を用いた数値的なサンプリング手法を適用する必要があり，コンピュータを用いる．最も有名な手法の 1 つが**量子モンテカルロ法**（quantum Monte Carlo method）[8,9]であり，厳密解が解析的に求まらない場合でも適用できる可能性がある．

しかし，システムサイズを大きくしたり，温度を下げたりすると，それに伴って，サンプリング法で評価したい物理量の統計誤差が指数関数的に大きくなる量子多体系が多数存在する．確率に相当する値（波動関数の振幅）が負になることが原因であるため，この現象は**負符号問題**（negative sign problem）と呼ばれる．このような状況では，量子モンテカルロ法を用いても量子多体問題が解けない．

量子モンテカルロ法で問題が解けない場合，問題を「解く」アプローチを変える必要がある．代表的な方針として，以下が挙げられる．

- （厳密性を求めないで）平均場近似と摂動論の範囲内でわかる物理を探る．
- 小さな系の固有値問題を数値的に厳密に解いた後（A5.5.1 項の厳密対角化法を適用した後），得られたデータ点からデータの範囲外の値を推定（外挿）して熱力学極限での振る舞いを予測する．
- 大きな系に対して，数値的に高精度な近似を施す．

最後に挙げた「数値的に高精度な近似」を実現する方法の 1 つが変分法を用

いた数値計算である．次の節で，その詳細をみていこう．

A5.3 変分法と試行関数

あるハミルトニアンが与えられたとき，任意の波動関数 $\psi(x)$ に対して物理量

$$E[\psi] = \frac{\int \mathrm{d}x\, \psi^*(x)\hat{H}\psi(x)}{\int \mathrm{d}x\, \psi^*(x)\psi(x)} \tag{A5.3}$$

を計算することができる．この量はエネルギー期待値と呼ばれ，波動関数の関数（汎関数）になる．

エネルギー期待値は，基底状態のエネルギー以上の値を取る（**変分原理**）．等号が成立するのは，$\psi(x)$ に基底状態の波動関数を代入したときである．したがって，手当たり次第に波動関数 $\psi(x)$ を代入してエネルギー期待値が小さくなるものを探せば，基底状態の真のエネルギーに近い値を得られる．このようなやり方を**変分法**と呼ぶ．手当たり次第に選ぶ波動関数は，**試行関数**と呼ばれる．

エネルギー期待値が基底状態のエネルギーにどれほど近いかは，どの試行関数を選ぶかに依存する．量子多体問題によく使用する試行関数をいくつか紹介しよう．強く相互作用した電子系では，多粒子のフェルミオンを記述する波動関数（スレーター行列式，Slater determinant）にフェルミオン間の相関効果を取り込む因子（ジャストロー相関因子，Jastrow correlation factor）を掛けた波動関数が古くから使われる[9]．また，量子状態を正規直交基底で展開した際の係数はテンソルの形で書けるが，それを小さなテンソル積の縮約で記述する波動関数（テンソルネットワーク，tensor network）も近年は用いられる[10,11]．この展開係数を，機械学習手法の NN で表現する波動関数が NN 波動関数である[12,13]．NN 波動関数の集まり（クラス）の一部は，電子系の波動関数のジャストロー相関因子を再現できる[14]．また，NN 波動関数のクラスの一部は，テンソルネットワーク波動関数のクラスの一部と等価である[15]．したがって，それぞれの波動関数はいずれも相補的なものになる．

以後，NN 波動関数が量子多体系の問題にどう適用できるのかについて，具体例を通して検証する．NN 波動関数の中でも代表的なものとして，**制限ボルツマン機械**（restricted Boltzmann machine, RBM）を用いた波動関数をここ

では紹介する[12,13]．問題を単純化するため，あえて厳密解が求まる模型に対して NN 波動関数の適用可能性を調べたい．イジング模型は物性物理の問題に限らず，機械学習分野も含めた様々な分野で登場する．そこで，1 次元横磁場イジング模型を例に挙げる．この模型の基底状態探索について，小さな系の解析解，厳密対角化法による数値解，NN 波動関数を用いた数値解を比較する．

A5.4 小さな量子系における NN 波動関数の適用例

以下では，1 次元横磁場イジング模型を考える．ハミルトニアンは

$$\hat{H}_{\text{Ising}} = -\sum_{i=1}^{L} \hat{\sigma}_i^z \hat{\sigma}_{i+1}^z - g \sum_{i=1}^{L} \hat{\sigma}_i^x \tag{A5.4}$$

で与えられる．演算子であることを明示するため，それらにはハット（$\hat{\cdot}$）を付けた．$\hat{\sigma}^\alpha$（$\alpha = x, z$）はパウリ演算子（Pauli operators）であり，ブラケット表記した z 方向スピン上向き，下向きの状態 $|\uparrow\rangle$，$|\downarrow\rangle$ に対して以下のように作用する[1,2]．

$$\hat{\sigma}^z |\uparrow\rangle = |\uparrow\rangle, \quad \hat{\sigma}^z |\downarrow\rangle = -|\downarrow\rangle, \quad \hat{\sigma}^x |\uparrow\rangle = |\downarrow\rangle, \quad \hat{\sigma}^x |\downarrow\rangle = |\uparrow\rangle. \tag{A5.5}$$

周期境界条件を仮定し，$\hat{\sigma}_{L+1}^z = \hat{\sigma}_1^z$ とする．$g(>0)$ は横磁場の強さを表すパラメータ，L はサイト数である．絶対零度の量子系では，熱力学極限（$L \to \infty$）で g を動かしたときに相が別の相に変わる（**量子相転移**）．この現象は $g = 1$ で起こり，$g < 1$ では対称性の自発的に破れた強磁性相，$g > 1$ では対称性の破れていない常磁性相となる[6,16]．

A5.4.1 2 サイト横磁場イジング模型の解析解

1 次元横磁場イジング模型の熱力学極限での厳密解の導出については論文[6]や教科書[16]を参照してもらうことにし，ここでは 2 サイトの場合（$L = 2$）の基底状態を求める．対応するハミルトニアンは以下の通りである．

$$\hat{H} = -2\hat{\sigma}_1^z \hat{\sigma}_2^z - g\left(\hat{\sigma}_1^x + \hat{\sigma}_2^x\right). \tag{A5.6}$$

はじめに，このハミルトニアン $\hat{H}$ の行列表示 H を求めよう．以後，行列表

示は元の演算子からハットを消した記号で表す．また，1 サイト目にスピン $\uparrow$，2 サイト目にスピン $\downarrow$ があったときのスピンの状態を $|\uparrow\downarrow\rangle$ と表すことにする．その表記方法の下で，正規直交基底として $(|\uparrow\uparrow\rangle, |\uparrow\downarrow\rangle, |\downarrow\uparrow\rangle, |\downarrow\downarrow\rangle)$ を用いると，行列表示は（転置を $\top$ で表して）

$$\hat{H} = (|\uparrow\uparrow\rangle, |\uparrow\downarrow\rangle, |\downarrow\uparrow\rangle, |\downarrow\downarrow\rangle)\, H\, (\langle\uparrow\uparrow|, \langle\uparrow\downarrow|, \langle\downarrow\uparrow|, \langle\downarrow\downarrow|)^{\top}, \tag{A5.7}$$

$$H = \begin{pmatrix} h_{\uparrow\uparrow,\uparrow\uparrow} & h_{\uparrow\uparrow,\uparrow\downarrow} & h_{\uparrow\uparrow,\downarrow\uparrow} & h_{\uparrow\uparrow,\downarrow\downarrow} \\ h_{\uparrow\downarrow,\uparrow\uparrow} & h_{\uparrow\downarrow,\uparrow\downarrow} & h_{\uparrow\downarrow,\downarrow\uparrow} & h_{\uparrow\downarrow,\downarrow\downarrow} \\ h_{\downarrow\uparrow,\uparrow\uparrow} & h_{\downarrow\uparrow,\uparrow\downarrow} & h_{\downarrow\uparrow,\downarrow\uparrow} & h_{\downarrow\uparrow,\downarrow\downarrow} \\ h_{\downarrow\downarrow,\uparrow\uparrow} & h_{\downarrow\downarrow,\uparrow\downarrow} & h_{\downarrow\downarrow,\downarrow\uparrow} & h_{\downarrow\downarrow,\downarrow\downarrow} \end{pmatrix} \tag{A5.8}$$

と求まる．ここで，$h_{\sigma_1\sigma_2,\sigma_3\sigma_4} = \langle\sigma_1\sigma_2|\hat{H}|\sigma_3\sigma_4\rangle$ である．例えば，

$$\hat{H}|\uparrow\downarrow\rangle = -2\cdot(+1)\cdot(-1)|\uparrow\downarrow\rangle - g|\downarrow\downarrow\rangle - g|\uparrow\uparrow\rangle \tag{A5.9}$$

を用いて H の 2 列目を計算してみると，$h_{\uparrow\downarrow,\uparrow\downarrow} = 2$, $h_{\downarrow\downarrow,\uparrow\downarrow} = -g$, $h_{\uparrow\uparrow,\uparrow\downarrow} = -g$, $h_{\downarrow\uparrow,\uparrow\downarrow} = 0$ と計算される．16 種類ある行列の各成分を地道に計算すると以下を得る．

$$H = \begin{pmatrix} -2 & -g & -g & 0 \\ -g & +2 & 0 & -g \\ -g & 0 & +2 & -g \\ 0 & -g & -g & -2 \end{pmatrix}. \tag{A5.10}$$

次に，この行列 H の固有値問題を解く．H は実対称行列であるから，直交行列で対角化可能である．得られる固有値はすべて実数である．固有方程式 $\det(H - \lambda I) = 0$（I は単位行列，λ は固有値）を解き，対応する（規格化されていない）固有ベクトルを求めると，以下の結果を得る．

- 固有値 $\lambda_0 = -2\sqrt{1+g^2}$ に対応する固有ベクトル $\boldsymbol{v}_0 = (1, c_0, c_0, 1)^{\top}$，
- 固有値 $\lambda_1 = -2$ に対応する固有ベクトル $\boldsymbol{v}_1 = (-1, 0, 0, 1)^{\top}$，
- 固有値 $\lambda_2 = +2$ に対応する固有ベクトル $\boldsymbol{v}_2 = (0, -1, 1, 0)^{\top}$，
- 固有値 $\lambda_3 = +2\sqrt{1+g^2}$ に対応する固有ベクトル $\boldsymbol{v}_3 = (1, c_3, c_3, 1)^{\top}$．

（ただし，$c_0 = (+\sqrt{1+g^2} - 1)/g$），$c_3 = (-\sqrt{1+g^2} - 1)/g$）

$g > 0$ のとき固有値の最小値は λ_0 であるから，（規格化されていない）基底状態 $|E_0\rangle$ とそのエネルギー E_0 は

$$|E_0\rangle = |\uparrow\uparrow\rangle + |\downarrow\downarrow\rangle + \frac{\sqrt{1+g^2}-1}{g}(|\uparrow\downarrow\rangle + |\downarrow\uparrow\rangle), \tag{A5.11}$$

$$E_0 = -2\sqrt{1+g^2} \tag{A5.12}$$

となる．以下では，得られた基底状態が，物理的に期待される振る舞いを示すかについて考察してみよう．

まず，熱力学極限で起こるような量子相転移は，小さな有限系ではみられない．対称性の自発破れは熱力学極限のみで起こるからである．実際，2 サイトの系では，$g > 0$ で常に同じ状態（固有ベクトル $\boldsymbol{v_0}$ のみから計算される状態）が基底状態となる．すなわち，$0 < g \ll 1$ の量子状態と $g \gg 1$ の量子状態は断熱的につながる．

また，今回調べた模型では以下の性質が成り立つ．

- 基底状態は 1 つしかない．すなわち，基底状態に縮退がない．
- 基底状態の振幅はすべて 0 以上の値に取れる．すなわち，波動関数の振幅に，値の正負が入れ替わる場所（節（ふし），node）がない．

これらの性質は，行列 H の非対角成分がすべて 0 以下である場合に必ず成り立ち，**ペロン・フロベニウスの定理**（Perron–Frobenius theorem）から導かれる事実である[4]．実際，式 (A5.10) は，行列 H の非対角成分がすべて 0 以下であるという条件を満たす．このとき，式 (A5.11) において，$|\uparrow\uparrow\rangle$ と $|\downarrow\downarrow\rangle$ の係数は $1 \geq 0$，$|\uparrow\downarrow\rangle$ と $|\downarrow\uparrow\rangle$ の係数は $\dfrac{\sqrt{1+g^2}-1}{g} \geq 0$ を満たす．

NN 波動関数を用いた数値計算では，この 2 つの性質を満たすと解が探索しやすい，という利点がある．もし，基底状態に縮退があると，多数ある基底状態の中から自分たちのほしい状態をみつけることが困難である．また，仮に基底状態の振幅が複素数であったり，実数ではあるが正負両方の値を取ったりする場合は，NN 波動関数の最適なパラメータを探索することが難しい．

A5.4.2 NN 波動関数による近似解

この項では，変分法に基づいて，$L = 2$ の横磁場イジング模型の基底状態（式 (A5.11)）の振幅が NN 波動関数を用いて記述できることを確認する．特に，

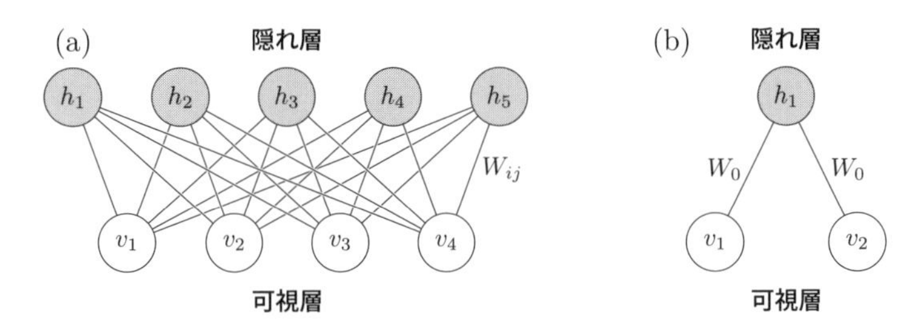

図 A5.1 RBM の構造. (a) $L_v = 4$ の可視層と $L_h = 5$ の隠れ層を持つ RBM の例. (b) $L_v = 2$ の可視層と $L_h = 1$ の隠れ層を持つ RBM の例. 結合をすべて W_0 とおいた.

NN 波動関数の中でも扱いやすい制限ボルツマン機械に基づく波動関数（RBM 波動関数）を試行関数として用いる.

まずは RBM の構造を確認しよう. RBM は, 可視層（visible layer）と呼ばれる可視変数の集合 $\boldsymbol{v} = (v_1, v_2, \ldots, v_{L_v})$ と, 隠れ層（hidden layer）と呼ばれる隠れ変数の集合 $\boldsymbol{h} = (h_1, h_2, \ldots, h_{L_h})$ からなる. ここで, L_v は可視変数の数, L_h は隠れ変数の数である. 変数 v_i と h_j は ± 1 の値を取る（イジング模型でスピンが ± 1 の値を取ることに対応させた). 可視変数 v_i と隠れ変数 h_j の間には結合（weight）W_{ij} があるが, 可視変数同士や隠れ変数同士の間には結合はない. この「結合がない」という「制限」を課すため, この NN は「制限」ボルツマン機械と呼ばれる（図 A5.1 を参照).

RBM は, 可視変数（イジングスピン変数）の任意の配置から生じる確率を近似する生成モデルとして用いられる. 可視変数の配置 $\boldsymbol{v}$ と隠れ変数の配置 $\boldsymbol{h}$ の関数として, 仮想的なエネルギー関数 $E(\boldsymbol{v}, \boldsymbol{h})$ を導入する.

$$E(\boldsymbol{v}, \boldsymbol{h}) = -\sum_{i=1}^{L_v} a_i v_i - \sum_{j=1}^{L_h} b_j h_j - \sum_{i=1}^{L_v} \sum_{j=1}^{L_h} W_{ij} v_i h_j. \tag{A5.13}$$

ここで, a_i と b_j はそれぞれ可視変数と隠れ変数のバイアスである. イジング模型とみなせば, a_i はスピン v_i の磁場に, b_j はスピン h_j の磁場にそれぞれ対応する. また, 可視変数 v_i と隠れ変数 h_j の間の結合 W_{ij} は, スピン v_i とスピン h_j の間のイジング相互作用に対応する. この仮想的なエネルギー関数 $E(\boldsymbol{v}, \boldsymbol{h})$ を用いて, 統計力学的な確率分布関数を

$$p(\boldsymbol{v},\boldsymbol{h}) = \frac{1}{Z}\exp\left[-E(\boldsymbol{v},\boldsymbol{h})\right], \tag{A5.14}$$

$$Z = \sum_{v_1=\pm 1}\cdots\sum_{v_{L_v}=\pm 1}\sum_{h_1=\pm 1}\cdots\sum_{h_{L_h}=\pm 1}\exp\left[-E(\boldsymbol{v},\boldsymbol{h})\right] \tag{A5.15}$$

と定義する．これは統計力学でいうところのボルツマン分布に相当し，制限「ボルツマン」機械という名前の由来となっている．さらに，隠れ変数 $\boldsymbol{h}$ の配置に対する部分状態和を取った，可視変数 $\boldsymbol{v}$ の確率分布関数

$$\tilde{p}(\boldsymbol{v}) = \sum_{h_1=\pm 1}\cdots\sum_{h_{L_h}=\pm 1} p(\boldsymbol{v},\boldsymbol{h}) \tag{A5.16}$$

を考えよう．パラメータ a_i，b_j，W_{ij} をうまく選べば，可視変数 $\boldsymbol{v}$ に対する任意の確率分布は式 (A5.16) で与えられる確率分布で厳密に表現できる（**万能近似定理**，universal approximation theorem）．ただし，厳密な表現のためには $L_h \sim 2^{L_v}$ を満たすように，隠れ変数の数を多くする必要がある．現実的には L_h をそこまで多くは取れないが，L_h をある程度まで多く取ることで，$\boldsymbol{v}$ に対する任意の確率分布を十分に近似できることが多い．

RBM を使う利点の 1 つは，隠れ変数 $\boldsymbol{h}$ の配置に対する部分状態和を解析的に計算できることである．一般に，隠れ層が 2 枚以上ある場合はこの限りではない．部分状態和を計算すると，式 (A5.16) は

$$\tilde{p}(\boldsymbol{v}) = \exp\left(\sum_{i=1}^{L_v} a_i v_i\right)\prod_{j=1}^{L_h} 2\cosh\left(b_j + \sum_{i=1}^{L_v} W_{ij} v_i\right) \tag{A5.17}$$

となる．NN 波動関数として頻繁に RBM 波動関数が用いられる理由の 1 つは，RBM 波動関数を選ぶことで $\tilde{p}(\boldsymbol{v})$ に相当する量が簡単に求まるからである．

この確率分布関数 $\tilde{p}(\boldsymbol{v})$ を，任意の量子状態を正規直交基底で展開したときに得られる振幅の表現に使用する．具体例を挙げよう．2 サイトのスピン系に対して一般の量子状態は

$$|\Psi\rangle = \sum_{\sigma_1=\pm 1}\sum_{\sigma_2=\pm 1}\Psi_{\sigma_1\sigma_2}|\sigma_1\sigma_2\rangle \tag{A5.18}$$

と記述できる．ここで，σ_1 と σ_2 はそれぞれ 1 サイト目と 2 サイト目のスピンに対応し，例えば，状態 $|+1\ -1\rangle$ を状態 $|\uparrow\downarrow\rangle$ と同一視した．スピンが $\uparrow$ のときは

$\sigma=+1$ を，スピンが↓のときは $\sigma=-1$ をそれぞれ取る．この振幅 $\Psi_{\sigma_1\sigma_2}$ を $\tilde{p}(\boldsymbol{v}=(\sigma_1,\sigma_2))$ でうまく近似したい．$L_v=L$ に取り，可視変数 v_1 と v_2 にはスピンの値 σ_1 と σ_2 を代入する．$\Psi_{\sigma_1\sigma_2}\approx\tilde{p}(\boldsymbol{v}=(\sigma_1,\sigma_2))$ を満たすパラメータ a_i, b_j, W_{ij} が見つかれば，基底状態に近い量子状態が求まる（なお，確率分布 $|\Psi_{\sigma_1\sigma_2}|^2\geq 0$ に対して $|\Psi_{\sigma_1\sigma_2}|^2\approx\tilde{p}(\boldsymbol{v}=(\sigma_1,\sigma_2))$ を課す流儀もある[17)]．どちらでも本質は変わらない)．

少なくとも 1 次元横磁場イジング模型では，パラメータの数が少なくても模型の基底状態をうまく近似できることが知られている．特に，

$$a_i=0,\ b_j=0,\ W_{ij}=W_{\mathrm{mod}(i-j+L_h,\ L_h)} \tag{A5.19}$$

を仮定してもよい[17, 18)]．ここで，$\mathrm{mod}(i,L)$ は i を L で割った余りを表し，これは W_{ij} に並進対称性を課すことに対応する．また，今の模型では基底状態の振幅はすべて正であることがわかっているから，W_{ij} はすべて実数と仮定してよい．さらに問題を単純化するため，$L=2$ のとき，$L_h=1$ に選ぼう．このとき，パラメータは $W_{ij}=W_0$ の 1 変数のみである（図 A5.1(b) を参照)．

まずは，パラメータ W_0 のみを含む RBM 波動関数を用いた際のハミルトニアン $\hat{H}$ の期待値（エネルギー期待値）を計算しよう[19)]．波動関数の振幅は

$$\Psi^{\mathrm{RBM}}_{\sigma_1\sigma_2}=2\cosh\left[W_0(\sigma_1+\sigma_2)\right] \tag{A5.20}$$

で与えられる．頑張って計算すると，状態

$$|\Psi^{\mathrm{RBM}}\rangle=\sum_{\sigma_1=\pm1}\sum_{\sigma_2=\pm1}\Psi^{\mathrm{RBM}}_{\sigma_1\sigma_2}|\sigma_1\sigma_2\rangle \tag{A5.21}$$

$$=2\cosh 2W_0(|{\uparrow\uparrow}\rangle+|{\downarrow\downarrow}\rangle)+2(|{\uparrow\downarrow}\rangle+|{\downarrow\uparrow}\rangle) \tag{A5.22}$$

に対して，

$$\langle\Psi^{\mathrm{RBM}}|\Psi^{\mathrm{RBM}}\rangle=8(\cosh 2W_0)^2+8 \tag{A5.23}$$

$$\langle\Psi^{\mathrm{RBM}}|\hat{H}|\Psi^{\mathrm{RBM}}\rangle=-16(\cosh 2W_0)^2-32g\cosh 2W_0+16 \tag{A5.24}$$

が得られる．したがって，エネルギー期待値は以下のようになる．

$$E^{\mathrm{RBM}}(W_0)=\frac{\langle\Psi^{\mathrm{RBM}}|\hat{H}|\Psi^{\mathrm{RBM}}\rangle}{\langle\Psi^{\mathrm{RBM}}|\Psi^{\mathrm{RBM}}\rangle}=\frac{-2(\cosh 2W_0)^2-4g\cosh 2W_0+2}{(\cosh 2W_0)^2+1}. \tag{A5.25}$$

次に，エネルギー期待値を最小化するパラメータ W_0 を探そう．極値条件 $\partial E^{\mathrm{RBM}}(W_0)/\partial W_0 = 0$ から，

$$\cosh 2W_0 = \frac{1+\sqrt{1+g^2}}{g} \tag{A5.26}$$

が得られる．これを式 (A5.25) に代入すると，

$$E^{\mathrm{RBM}} = -2\sqrt{1+g^2} \tag{A5.27}$$

と求まる．これは，式 (A5.12) で得られた厳密解のエネルギーと一致する．また，式 (A5.26) を式 (A5.22) に代入すると，

$$|\Psi^{\mathrm{RBM}}\rangle = \frac{2g}{\sqrt{1+g^2}-1}\left[|\uparrow\uparrow\rangle + |\downarrow\downarrow\rangle + \frac{\sqrt{1+g^2}-1}{g}(|\uparrow\downarrow\rangle + |\downarrow\uparrow\rangle)\right] \tag{A5.28}$$

が得られ，式 (A5.11) の基底状態と定数倍を除き一致する．

このように，RBM 波動関数を用いることで，横磁場イジング模型の基底状態をうまく近似（今の場合は厳密に再現）できることがわかった．機械学習の言葉でいえば，変分法による基底状態探索は，エネルギー期待値という損失関数を最小化するように RBM 波動関数という非線形関数を最適化することに対応する．

A5.5 やや大きな量子系における NN 波動関数の適用例

A5.4 節で紹介した手計算を大きな系で実行することは，サイズ L での行列の大きさが 2^L で増大するため難しい．この節では，横磁場イジング模型の基底状態を数値的に求める方法を紹介する．例として Python で書かれたプログラムをいくつか示す（Python の詳細については教科書[22] を参照してほしい．意欲のある方は C，Fortran，Julia などの他のプログラミング言語に翻訳してみると理解が深まるだろう）．以下では，数値計算ライブラリとして NumPy と SciPy を使用できる状況にあると仮定する．

A5.5.1　厳密対角化法による厳密な数値解

はじめに，横磁場イジング模型の基底状態を**厳密対角化法**（exact diagonalization method, ED）[20,21]によって数値的に求める方法を紹介する．図 A5.2 にプログラムの例を示す．このプログラムを実行すると，横磁場イジング模型のハミルトニアンの行列表示，基底状態のエネルギー，基底状態を正規直交基底で展開した際の係数が出力される．

```
import numpy as np

def get_spin(state,site):
    return (state>>site)&1

def flip_spin(state,site):
    return state^(1<<site)

def make_ham(L,g):
    Nstate = 2**L
    Ham = np.zeros((Nstate,Nstate),dtype=np.float64)
    for a in range(Nstate):
        for i in range(L):
            if get_spin(a,i) == get_spin(a,(i+1)%L):
                Ham[a,a] -= 1.0
            else:
                Ham[a,a] += 1.0
        for i in range(L):
            b = flip_spin(a,i)
            Ham[a,b] -= g
    return Ham

def main():
    L = 2; g = 1.0
    Ham = make_ham(L,g)
    print("Hamiltonian:\n",Ham)
    Ene, Vec = np.linalg.eigh(Ham)
    print("Ground state energy:\n",Ene[0])
    print("Ground state vector:\n",Vec[:,0])

main()
```

図 A5.2　数値計算コード（厳密対角化法による基底状態計算）．

プログラムの詳細を理解するために，スピンをコンピュータ上の 0 と 1 の列（ビット列）で表現する方法について簡単に説明しよう．一般に，整数 n を

$$n = \sum_{k=0}^{L-1} b_k 2^k \quad (b_k \in \{0, 1\}) \tag{A5.29}$$

が満たされるビット列

$$b_{L-1}\ b_{L-2}\ \cdots\ b_1\ b_{0\ (2)} \tag{A5.30}$$

に変換する表示は，2 進数表示と呼ばれる．これを用いると，スピン系の基底を 0 から $2^L - 1$ までの整数で番号付けできる．

例えば，サイト数 $L = 2$ のスピン $S = 1/2$ の系では，正規直交基底として $|\uparrow\uparrow\rangle, |\uparrow\downarrow\rangle, |\downarrow\uparrow\rangle, |\downarrow\downarrow\rangle$ の $4(= 2^L)$ 状態が選べる．ビット列の 0 を $\uparrow$ と，1 を $\downarrow$ と同一視すれば，これらの基底は整数 0, 1, 2, $3(= 2^L - 1)$ を 2 進数表示で記述した状態 $|00_{(2)}\rangle, |01_{(2)}\rangle, |10_{(2)}\rangle, |11_{(2)}\rangle$ と一対一対応する．以後，これらの状態を $|0\rangle, |1\rangle, |2\rangle, |3\rangle$ と表記することにする．

スピンに対する演算は，ビット列に対する論理演算として実装できる．それを理解する準備として，代表的な論理演算の定義を表 A5.2 にまとめた．0 か 1 のビットを 2 つ入力したときに，論理積，論理和，排他的論理和を施した後の出力を載せた．

表 A5.2 代表的な論理演算の動作例．

入力 1	入力 2	論理積	論理和	排他的論理和
0	0	0	0	0
0	1	0	1	1
1	0	0	1	1
1	1	1	1	0

プログラムを読むことで，スピンに対する演算がビット列に対する論理演算でどう記述されるのかをみていこう．図 A5.2 の関数 `get_spin(state,site)` では，状態 $|\texttt{state}\rangle$ の（0 から数えて右から）`site` 番目のスピンが $\uparrow$ か，$\downarrow$ かを判定する．記号`>>site` は，ビット列を右に `site` 個移動させ，空いたビットに 0 を補う演算（右ビットシフト）である（10 進数表示では $2^{\texttt{site}}$ で割ること

表 A5.3 2 サイトの場合の関数 `get_spin(state,site)`（=`(state>>site)&1`）の動作例．みやすくするために，状態と `state` のケット記法を省略した．`x&1` は，x と $01_{(2)}$ との論理積を取ることを意味する．

状態	入力 `state`	入力 `site`	途中経過 `state>>site`	出力 `(state>>site)&1`	スピン
$\uparrow\uparrow$	$0=00_{(2)}$	0	$00_{(2)}$	$00_{(2)}=0$	$\uparrow$
$\uparrow\uparrow$	$0=00_{(2)}$	1	$00_{(2)}$	$00_{(2)}=0$	$\uparrow$
$\uparrow\downarrow$	$1=01_{(2)}$	0	$01_{(2)}$	$01_{(2)}=1$	$\downarrow$
$\uparrow\downarrow$	$1=01_{(2)}$	1	$00_{(2)}$	$00_{(2)}=0$	$\uparrow$
$\downarrow\uparrow$	$2=10_{(2)}$	0	$10_{(2)}$	$00_{(2)}=0$	$\uparrow$
$\downarrow\uparrow$	$2=10_{(2)}$	1	$01_{(2)}$	$01_{(2)}=1$	$\downarrow$
$\downarrow\downarrow$	$3=11_{(2)}$	0	$11_{(2)}$	$01_{(2)}=1$	$\downarrow$
$\downarrow\downarrow$	$3=11_{(2)}$	1	$01_{(2)}$	$01_{(2)}=1$	$\downarrow$

表 A5.4 2 サイトの場合の関数 `flip_spin(state,site)`（=`state^(1<<site)`）の動作例．みやすくするために，状態と `state` のケット記法を省略した．`x^(1<<site)` は，x と $100\cdots00_{(2)}$（1 の右側に 0 は `site` 個並ぶ）との排他的論理和を取ることを意味する．

状態	入力 `state`	入力 `site`	途中経過 `1<<site`	出力 `state^(1<<site)`	スピンをひっくり返した状態
$\uparrow\uparrow$	$0=00_{(2)}$	0	$01_{(2)}$	$01_{(2)}=1$	$\uparrow\downarrow$
$\uparrow\uparrow$	$0=00_{(2)}$	1	$10_{(2)}$	$10_{(2)}=2$	$\downarrow\uparrow$
$\uparrow\downarrow$	$1=01_{(2)}$	0	$01_{(2)}$	$00_{(2)}=0$	$\uparrow\uparrow$
$\uparrow\downarrow$	$1=01_{(2)}$	1	$10_{(2)}$	$11_{(2)}=3$	$\downarrow\downarrow$
$\downarrow\uparrow$	$2=10_{(2)}$	0	$01_{(2)}$	$11_{(2)}=3$	$\downarrow\downarrow$
$\downarrow\uparrow$	$2=10_{(2)}$	1	$10_{(2)}$	$00_{(2)}=0$	$\uparrow\uparrow$
$\downarrow\downarrow$	$3=11_{(2)}$	0	$01_{(2)}$	$10_{(2)}=2$	$\downarrow\uparrow$
$\downarrow\downarrow$	$3=11_{(2)}$	1	$10_{(2)}$	$01_{(2)}=1$	$\uparrow\downarrow$

に相当する）．また，記号`&`は 2 つのビット列の論理積を取る演算である．2 サイトの場合の動作例を表 A5.3 に示す．

また，図 A5.2 の関数 `flip_spin(state,site)` では，状態 $|\mathtt{state}\rangle$ の（0 から数えて右から）`site` 番目のスピンをひっくり返す．記号 `<<site` は，ビット列を左に `site` 個移動させ，空いたビットに 0 を補う演算（左ビットシフト）である（10 進数表示では $2^{\mathtt{site}}$ を掛けることに相当する）．特に，`1<<site` は $100\cdots00_{(2)}$（1 の右側に 0 は `site` 個並ぶ）を表す．記号`^`は 2 つのビット列の排他的論理和を取る演算である．2 サイトの場合の動作例を表 A5.4 に示す．

図 A5.2 の関数 `make_ham(L,g)` では，ハミルトニアンの行列要素を計算する．関数 `np.zeros((Nstate,Nstate),dtype=np.float64)` で成分がすべて 0 の $\mathtt{Nstate}\times\mathtt{Nstate}$ の正方行列を作り，$|0\rangle$ から $|\mathtt{Nstate}-1\rangle$ までの状態 $|\mathtt{a}\rangle$

について，対角成分と非対角成分を別々に計算する．対角成分では，`i` 番目のスピンと `i+1` 番目のスピンが同じ向きならば相互作用の大きさ `-1.0` を，異なる向きならば `+1.0` を $(\mathtt{a},\mathtt{a})$ 成分に代入する．`(i+1)%L` は，`i+1` を `L` で割った余りを表し，周期境界条件を満たすようにする．非対角成分では，状態 $|\mathtt{a}\rangle$ の `i` 番目のスピンをひっくり返した状態 $|\mathtt{b}\rangle$ を求め，$(\mathtt{a},\mathtt{b})$ 成分に横磁場の強さ `-g` を代入する．

最後に，関数 `main()` では，生成したハミルトニアン `Ham` の固有値 `Ene` と固有ベクトル `Vec` を対角化用の関数 `np.linalg.eigh()` で求める．システムサイズ `L`，横磁場の強さ `g` を変更することで，別のパラメータでの基底状態も求めることができる（ただし，現状の簡単なコードでは，メモリの制約のため十数サイトまでしか計算できない）．

A5.5.2 NN 波動関数による近似的な数値解

次に，横磁場イジング模型の基底状態を NN 波動関数を用いて数値的に求める方法を紹介する．なお，実際の研究で行われるような方法はやや複雑なので，ここではそれを簡略化した方法のみを示す．実際の研究方法とここで紹介する方法との大きな違いは，以下の 2 点である．

- 2^L 個あるすべての正規直交基底に対して物理量の期待値を計算する（状態和を取る）コストは，システムサイズ L の増加に伴い指数関数的に増加する．通常は計算コストを抑えるために，モンテカルロ法と呼ばれる方法を用いて状態和をサンプリング手法で計算することが多い．ここでは，モンテカルロ法を用いずに，状態和を厳密に計算する．モンテカルロ法については教科書[8,9]を参考にしてほしい．
- 最適なパラメータ a_i, b_j, W_{ij} の探索には，洗練された最適化手法を用いることが多い[9,12,23]．ここでは，最適化手法の詳細については触れず，数値計算ライブラリに丸投げして最適なパラメータを探索する．

計算の手順は，A5.4.2 項で紹介したように，RBM 波動関数を用いた際のハミルトニアンの期待値を解析的に計算したやり方と同様である．パラメータ a_i，b_j，W_{ij} のうち W_{ij} のみを残し，周期境界条件を課した．図 A5.3 に，例として Python で書かれたプログラムを示す．

```
import numpy as np; from scipy.optimize import minimize

def get_spin(state,site):
    return (state>>site)&1

def flip_spin(state,site):
    return state^(1<<site)

def set_W(Lh,mu=0.0,sigma=0.01,seed=12345):
    np.random.seed(seed=seed)
    return np.random.normal(mu,sigma,Lh)

def calc_ampRBM(L,Lh,W,state):
    amp = 1.0
    for i in range(Lh):
        theta = 0.0
        for j in range(L):
            theta += W[(i-j+Lh)%Lh] * (1.0-2.0*get_spin(state,j))
        amp *= 2.0 * np.cosh(theta)
    return amp

def calc_eneRBM(L,Lh,g,W):
    Nstate = 2**L; psiIpsi = 0.0; psiHpsi = 0.0
    for a in range(Nstate):
        ampr = calc_ampRBM(L,Lh,W,a); ampl = ampr; ampl_ampr = ampl*ampr
        psiIpsi += ampl_ampr
        for i in range(L):
            if get_spin(a,i) == get_spin(a,(i+1)%L):
                psiHpsi -= ampl_ampr
            else:
                psiHpsi += ampl_ampr
        for i in range(L):
            b = flip_spin(a,i); ampl = calc_ampRBM(L,Lh,W,b)
            psiHpsi += ampl*(-g)*ampr
    return psiHpsi/psiIpsi

def main():
    L = 2; Lh = 1; g = 1.0; W = set_W(Lh)
    result = minimize(lambda Wdummy: calc_eneRBM(L,Lh,g,Wdummy),W)
    print("RBM energy:",result.fun)
    print("Exact energy:",-2.0*np.sqrt(2.0))

main()
```

図 A5.3 数値計算コード（RBM 波動関数による基底状態計算）.

ここでもプログラムを読んで，その動作原理を理解しよう．図 A5.3 の関数 `get_spin(state,site)` と `flip_spin(state,site)` は，厳密対角化法のコードで紹介した図 A5.2 の関数 `get_spin(state,site)` と `flip_spin(state, site)` と同じである．関数 `set_W(Lh,mu=0.0,sigma=0.01, seed=12345)` では，W_{ij} の初期値を正規分布に従う乱数で設定する．変数 `Lh` は W_{ij} のサイズを，変数 `mu` は正規分布の平均値を，変数 `sigma` は正規分布の標準偏差を，変数 `seed` は乱数の種を指定する．

関数 `calc_ampRBM(L,Lh,W,state)` では，状態 $|\mathtt{state}\rangle$ に対する RBM 波動関数の振幅を計算する．特に，式 (A5.17) で $a_i = b_j = 0$ とした場合の値を出力する．可視変数の `j` 成分目の値 `(1.0-2.0*get_spin(state,j))` は，状態 $|\mathtt{state}\rangle$ の `j` 番目のスピンが↑（ビットが 0）のとき $+1$ に，スピンが↓（ビットが 1）のとき -1 になる．また，`(i-j+Lh)%Lh` は `i-j+Lh` を `Lh` で割った余りを表し，W_{ij} に周期境界条件を課す．

関数 `calc_eneRBM(L,Lh,g,W)` では，RBM 波動関数を用いた際のエネルギー期待値を計算する．変数 `ampr` は $|\Psi^{\mathrm{RBM}}\rangle$ 由来の振幅を表し，変数 `ampl` は $\langle\Psi^{\mathrm{RBM}}|$ 由来の振幅を表す．また，変数 `psiIpsi` は $\langle\Psi^{\mathrm{RBM}}|\Psi^{\mathrm{RBM}}\rangle$ を表し，変数 `psiHpsi` は $\langle\Psi^{\mathrm{RBM}}|\hat{H}|\Psi^{\mathrm{RBM}}\rangle$ を表す．厳密対角化法のときと同様に，$|0\rangle$ から $|\mathtt{Nstate}-1\rangle$ までの状態 $|\mathtt{a}\rangle$ について，対角成分と非対角成分に由来した項を別々に計算する．対角成分では，隣同士のスピンが同じ向きならば -1 を掛けた振幅を，異なる向きならば $+1$ を掛けた振幅を変数 `psiHpsi` に加算する．非対角成分では，状態 $|\mathtt{a}\rangle$ の `i` 番目のスピンをひっくり返した状態 $|\mathtt{b}\rangle$ を求め，相互作用の大きさ $-g$ と $|\mathtt{a}\rangle$ の振幅と $|\mathtt{b}\rangle$ の振幅の積を変数 `psiHpsi` に加算する．その後，変数 `psiHpsi` を波動関数のノルム `psiIpsi` で割ってエネルギー期待値を計算する．

最後に，関数 `main()` では，エネルギー期待値を最小化するパラメータ W_{ij} を探索し，そのときのエネルギーを出力する．前半で，システムサイズ `L`，RBM 波動関数の W_{ij} のサイズ `Lh`，横磁場の強さ `g`，W_{ij} の初期値 `W` を設定する．後半で，ライブラリ `scipy.optimize` に含まれる関数 `minimize()` を用いて，最適なパラメータを探索する．関数 `minimize()` では，最小化したい（入力変数が 1 つだけの）関数を第 1 引数に，最適化の初期値を第 2 引数に指定する．一方で，最小化したい関数 `calc_eneRBM` は入力変数が 4 つある．そこで，入力変数

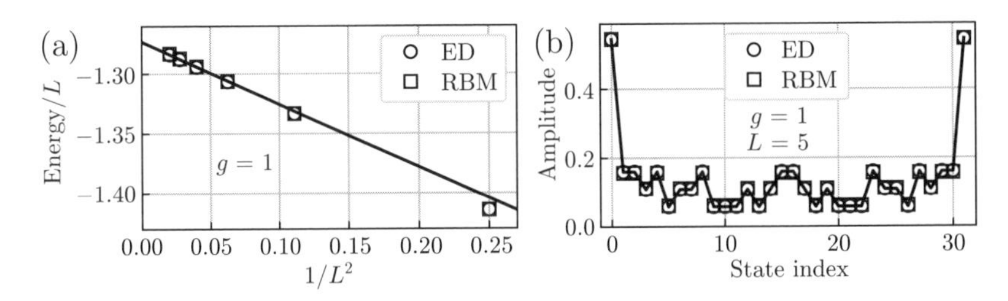

図 A5.4　(a) 厳密対角化法（ED）と RBM 波動関数を用いた方法（RBM）で得た転移点（$g = 1$）の基底状態のエネルギーの比較（$L_h = L$ とした）．サイトあたりの基底状態のエネルギーは，どちらの結果も期待されるサイズ依存性の漸近形[6,24] $E(L)/L = -4/\pi - \pi/(6L^2)$ とよく一致する．(b) 基底状態の波動関数の振幅の比較（$g = 1$，$L = 5$）．両者はよく一致する．

が 1 つで名前を持たない関数を，書式 `lambda` を用いて定義した．この書式を用いた `lambda Wdummy: calc_eneRBM(L,Lh,g,Wdummy)` において，`Wdummy` は入力変数となり，`L`，`Lh`，`g` は定数となる（あるいは，書式 `lambda` を用いずに，関数 `calc_eneRBM()` の最初の入力変数を `W` に書き換え，関数 `minimize()` の `args` オプションで変数を固定してもよい）．

厳密対角化法と RBM 波動関数を用いた方法の結果の比較を図 A5.4 にまとめた．数サイト程度までのサイズでは，両者がよく一致することを確認できる．

A5.6　より進んだ理解のために

最後に，量子多体問題への NN 波動関数の適用に関連した，近年の研究の動向について簡単に述べる．

ここでは，NN 波動関数として RBM 波動関数を紹介したが，それ以外の波動関数の適用可能性も検証されている．例えば，ハバード模型のフェルミオンを，粒子交換で波動関数の符号が変化しない粒子（ボゾン）に置き換えた模型に対しては，フィードフォワード NN (feedforward neural network) に基づく波動関数の有効性が検証された[25]．畳み込み NN（convolutional neural network）[26,27] やトランスフォーマー（transformer）[28] に基づく波動関数も様々な量子多体系に適用されている．

また，基底状態の探索だけでなく，シュレディンガー方程式で時間発展した状態の記述にも NN 波動関数は使用されている[12, 27, 29]．得られた時間と空間に依存する相関関数をフーリエ変換して計算される動的構造因子は，中性子散乱の実験でも観測できる物理量である．今後，数値シミュレーションと実験結果を直接比較できる環境を整えるためにも，量子多体系における NN 波動関数を用いた数値手法の開発は重要である．　**[金子隆威]**

文　献

1) 教科書として，例えば，A. Messiah, Quantum Mechanics, Dover Publications (2014)；猪木慶治，川合光，量子力学 I，講談社 (1994).
2) 教科書として，例えば，L. I. Schiff, Quantum Mechanics, Third Edition, McGraw-Hill (1968)；J. J. Sakurai and J. Napolitano, Modern Quantum Mechanics, Third Edition, Addison-Wesley (2020)；猪木慶治，川合光，量子力学 II，講談社 (1994).
3) 教科書として，例えば，R. P. Feynman, Statistical Mechanics: A Set of Lectures, Westview Press (1998)；小形正男，物性物理のための場の理論・グリーン関数——量子多体系をどう解くか？，サイエンス社 (2018)；浅野建一，固体電子の量子論，東京大学出版会 (2019).
4) 教科書として，例えば，H. Tasaki, Physics and Mathematics of Quantum Many-Body Systems, Springer (2020).
5) P. Jordan and E. Wigner, Über das Paulische Äquivalenzverbot, *Z. Phys.*, **47**, 631–651 (1928).
6) S. Katsura, Statistical Mechanics of the Anisotropic Linear Heisenberg Model, *Phys. Rev.*, **127**, 1508 (1962)；P. Pfeuty, The one-dimensional Ising model with a transverse field, *Ann. Phys.*, **57**, 79–90 (1970)；A. A. Ovchinnikov, *et al.*, Antiferromagnetic Ising chain in a mixed transverse and longitudinal magnetic field, *Phys. Rev. B*, **68**, 214406 (2003).
7) H. Bethe, Zur Theorie der Metalle, *Z. Phys.*, **71**, 205–226 (1931)；J. des Cloizeaux and J. J. Pearson, Spin-Wave Spectrum of the Antiferromagnetic Linear Chain, *Phys. Rev.*, **128**, 2131 (1962)；E. H. Lieb and F. Y. Wu, Absence of Mott Transition in an Exact Solution of the Short-Range, One-Band Model in One Dimension, *Phys. Rev. Lett.*, **20**, 1445 (1968).
8) 教科書として，例えば，J. Gubernatis, N. Kawashima, and P. Werner, Quantum Monte Carlo Methods: Algorithms for Lattice Models, Cambridge University Press (2016).
9) 教科書として，例えば，F. Becca and S. Sorella, Quantum Monte Carlo Approaches for Correlated Systems, Cambridge University Press (2017).
10) レビューとして，例えば，F. Verstraete, V. Murg, and J. I. Cirac, Matrix product states, projected entangled pair states, and variational renormalization group

methods for quantum spin systems, *Adv. Phys.*, **57**, 143（2008）; U. Schollwöck, The density-matrix renormalization group in the age of matrix product states, *Ann. Phys.*, **326**, 96–192（2011）; R. Orús, A practical introduction to tensor networks: Matrix product states and projected entangled pair states, *Ann. Phys.*, **349**, 117–158（2014）.

11) 教科書として，例えば，松枝宏明，量子系のエンタングルメントと幾何学——ホログラフィー原理に基づく異分野横断の数理，森北出版（2016）; 西野友年，テンソルネットワークの基礎と応用，サイエンス社（2021）.

12) G. Carleo and M. Troyer, Solving the quantum many-body problem with artificial neural networks, *Science*, **355**, 602–606（2017）.

13) 日本語の解説として，例えば，野村悠祐，山地洋平，今田正俊，機械学習を用いて量子多体系を表現する，日本物理学会誌，**74**（2），72–81（2019）.

14) Y. Nomura, *et al.*, Restricted Boltzmann machine learning for solving strongly correlated quantum systems, *Phys. Rev. B*, **96**, 205152（2017）.

15) J. Chen, *et al.*, Equivalence of restricted Boltzmann machines and tensor network states, *Rev. B*, **97**, 085104（2018）; I. Glasser, *et al.*, Neural-Network Quantum States, String-Bond States, and Chiral Topological States, *Phys. Rev. X*, **8**, 011006（2018）.

16) 教科書として，例えば，S. Sachdev, Quantum Phase Transitions, Second Edition, Cambridge University Press（2011）; S. Suzuki, J. -i. Inoue, and B. K. Chakrabarti, Quantum Ising Phases and Transitions in Transverse Ising Models, Springer（2012）.

17) G. Torlai, *et al.*, Neural-network quantum state tomography, *Nat. Phys.*, **14**, 447–450（2018）; D. Sehayek, *et al.*, Learnability scaling of quantum states: Restricted Boltzmann machines, *Phys. Rev. B*, **100**, 195125（2019）.

18) Y. Nomura, Investigating Network Parameters in Neural-Network Quantum States, *J. Phys. Soc. Jpn.*, **91**, 054709（2022）.

19) 教科書として，例えば，福嶋健二，桂法称，Python で実践 基礎からの物理学とディープラーニング入門，科学情報出版（2022）.

20) A. W. Sandvik, Computational Studies of Quantum Spin Systems, *AIP Conf. Proc.*, **1297**, 135–338（2010）.

21) 日本語の解説として，例えば，西森秀稔，量子スピン系の対角化プログラム TITPACK Ver.2，物性研究，**56**（5），494–565（1991）.

22) 教科書として，例えば，富谷昭夫，これならわかる機械学習入門，講談社（2021）; 大槻純也，Python による計算物理，森北出版（2023）; 野本拓也，是常隆，有田亮太郎，実践計算物理——物理を理解するための Python 活用法，共立出版（2023）.

23) Y. Nomura, Boltzmann machines and quantum many-body problems, *J. Phys.: Condens. Matter*, **36**, 073001（2024）.

24) H. W. J. Blöte, J. L. Cardy, and M. P. Nightingale, Conformal invariance, the central charge, and universal finite-size amplitudes at criticality, *Phys. Rev. Lett.*, **56**, 742（1986）; I. Affleck, Universal term in the free energy at a critical point and the conformal anomaly, *Phys. Rev. Lett.*, **56**, 746（1986）.

25) H. Saito, Solving the Bose–Hubbard Model with Machine Learning, *J. Phys. Soc. Jpn.*, **86**, 093001 (2017).
26) K. Choo, T. Neupert, and G. Carleo, Two-dimensional frustrated J_1–J_2 model studied with neural network quantum states, *Phys. Rev. B*, **100**, 125124 (2019).
27) M. Schmitt and M. Heyl, Quantum Many-Body Dynamics in Two Dimensions with Artificial Neural Networks, *Phys. Rev. Lett.*, **125**, 100503 (2020).
28) L. L. Viteritti, R. Rende, and F. Becca, Transformer Variational Wave Functions for Frustrated Quantum Spin Systems, *Phys. Rev. Lett.*, **130**, 236401 (2023).
29) S. Czischek, M. Gärttner, and T. Gasenzer, Quenches near Ising quantum criticality as a challenge for artificial neural networks, *Phys. Rev. B*, **98**, 024311 (2018); G. Fabiani and J. H. Mentink, Investigating ultrafast quantum magnetism with machine learning, *SciPost Phys.*, **7**, 004 (2019).

B

機械学習模型と物理学

本書の後半であるBパートでは，機械学習の発展的な事項と，物理学の手法を用いて機械学習・ニューラルネットを解析する手法について説明する．まず，近年着目されているトランスフォーマーについて，自然言語処理の基本からGPTまで説明する（B1章）．次に，画層生成に使われる生成模型である拡散模型について，物理的な視点，特に経路積分との関連を議論する（B2章）．その次の章では，ニューラルネットを多体系とみなし，統計力学的な手法を用いてニューラルネットの様々な問題について解析されている現状を概観する（B3章）．本書の締めくくりとして，「大規模言語モデルと科学」と題し，広い視野で大規模言語モデルが拓く理論科学について，数学における証明や現在知られている問題について述べる（B4章）．

B1
トランスフォーマー

言語のような離散性の高いシンボルの系列から，画像や音声のような連続データまで，幅広いクラスのデータが**トランスフォーマー**（transformer）によって学習可能である．トランスフォーマーは，それまで使われていたRNN[*1]とは異なり，長距離の相互作用をうまくモデリングしつつ訓練の並列性を実現することができる．シンプルかつ工学的によく工夫されたアーキテクチャであり，現在は深層学習の至るところで用いられている．本章では，このトランスフォーマーについて解説する．

B1.1　単語と埋め込みベクトル

トランスフォーマーのアーキテクチャを説明する上で鍵となるのは，「単語」の埋め込みベクトルの概念である．

深層学習で自然言語処理を行うことを考えよう．ここで自然言語とはプログラミング言語のような人工言語に対して，我々が普段使う通常の言語のことをさす．ただし以下の議論は人工言語であっても同様である．

自然言語は**単語**（word）というシンボルを単位とした，シンボル系列によって表現されている．実際の自然言語処理では，我々の直感とは若干異なる**トークン**（token）という単位を用いるが，今回はそれについては触れない．したがって我々のイメージする単語を単位として文章を扱ってみよう．

---

*1)　RNN（recurrent neural network）とは，順に入力された単語の情報を内部に記憶として蓄えることで，ある程度の長さの系列データを扱うことができるニューラルネットである．

このような単語の列である文章を深層学習モデルに入力して，様々な推論をさせるにはどうしたらよいであろうか？ 単語はそのままではシンボルであり数値ではないので，ニューラルネットワークのような数値データに対する機械学習モデルには入力できない．そこで単語を数値によって表現する必要がある．

一番シンプルな数値表現手法は番号を割り振る方法である．つまり，取り扱う文章に使われる単語の候補をすべて事前にリストアップし，ソートする．その上で辞書のように順番に番号 $i = 1, 2, \ldots, V$ を割り振っていく．ここで V は使用する単語の種類，つまりボキャブラリーサイズ（使うボキャブラリーの種類の数）である．すると，この i 番目の単語 w_i 自体を i という数値で表現することも可能である．

このようにすれば単語を恣意的に数値で表現することは可能である．しかしこの表現方法は機械学習にとってたいして意味を持たない．まず第 1 に，この番号は人間の決めたソート手順で割り振られただけの数字であり，単語の意味内容とは何の関係もない．また，$i = 1$ と $i = 10000$ の間には数値的な大きさの違いがあり，計算に基づく機械学習モデルやその数値的評価においては大きな違いを生む．しかしこの数字の大きさは元の単語の意味とはまったく関係ない．単語 w_1 が単語 w_{10000} より 1 万倍重要である，というわけではないからだ．

そこでもっと単語の内容を反映した，自然な数値表現手法がほしくなる．そのようなものの代表例が以下で紹介する埋め込みベクトルや分散表現と呼ばれるものである．詳しくは B1.1.1 項で解説する．

広く用いられているものが word2vec に代表される埋め込みベクトルである[1)]．word2vec では，i 番目の単語を，うまい数値ベクトル $\boldsymbol{v}_i \in \mathbb{R}^{1 \times d}$ に置き換えることができる．本章では他の章と違い，慣習に従って特徴量ベクトルはすべて行ベクトルで表すことにする．これら数値ベクトル $\boldsymbol{v}_{i=1,2,\ldots,V}$ は，データとして与えられた膨大なテキストコーパスの中で，各単語がどのように使用されているのか，という情報をうまく反映して作られている．そのため各単語ベクトルの d 次元空間中での配置は，コーパス中で単語がどのように使われる傾向があるのか，という単語の意味情報を反映したものになる．

word2vec のような埋め込みベクトルは，コーパス中の単語の統計的な性質を反映させて作られているので，典型的な意味をうまく反映している．その一方，ある特定の文章中において，その文章のコンテキストを反映した意味情報の表現にはそのままは使えない．例えば「うちの教授は裸の王様だ」という文章を考えよう．この「王様」という単語は多分，強力な支配的権力を継承する者のような辞書的な意味でも，同類の中での第1位の地位にあるものという意味でもない．これは現代の大学における教授の様子をみても明らかであろう．むしろここでは「王様」が「裸の王様」という例えの中で用いられているため，「先生，先生とチヤホヤされて物事を正しく見通す目を失った教授」というニュアンスを表す使用例であろう．このような特定文脈における意味にフォーカスしたベクトルは，コーパスから作られた「王様ベクトル」$\boldsymbol{v}_{i_{\text{王様}}}$ では表すことができない．

このように単語が実際に使われている文脈まで反映したベクトルを作るのが次の課題になる．このようなコンテキスト情報を文章から適切に収集する仕組みが注意機構であり，それを使用して埋め込みベクトルを作るためのアーキテクチャがトランスフォーマー[2]である．これについては，B1.1.2 項，B1.1.3 項で詳しく解説する．

B1.1.1 意味の使用説と埋め込み

では，単語をその意味情報をうまく反映した数値ベクトルへ変換する方法を考えてみよう．単語には，世界の中の何らかのオブジェクトとその概念が対応しており，それが単語の持つ意味だという愚直な立場に立てば，各単語の意味を人間が整理しデータベース化することで，単語の意味をコンピュータでも扱える形で表現することができそうに思える．しかしそのようなアプローチは限られたケースでしかうまくいかない．よりワイルドで膨大なテキストを扱うために，より現実的で強力なアイデアを考えてみよう．

そこで参考になるのが意味の使用説，あるいは特に分布意味論と呼ばれている考え方である．分布意味論の考え方は，イギリスの言語学者，J. R. Firth が意味が文脈に強く依存することの重要性を説く上で述べた “You shall know a word by the company it keeps”（ある言葉の意味は，それと一緒に使われている単語たちから知ることができるでしょう）というフレーズに要約されている．つまり単語の意味は，それが実際どのように使用されているのか，ということにより規定されているという考え方である．

そこで分布意味論の考え方に基づいた分布仮説では，単語の意味はどのようなコンテキストでその単語が使われているのかという情報からわかる，と考える．つまり，ある単語はどの単語とよく並んで使われるのかをみれば単語の意味が浮かび上がってくるということである．「どんな奴とつるんでいるのかをみれば，そいつの人となりがわかる」という人間社会の経験則にも似ている．あるいは英語の試験でわからない単語が出てきたときに，どんな文脈で使われているのかをみれば，何となくその意味が推測できることにも似ている．

そこである単語が与えられたとき，コーパス中でその単語の前後 C 個の単語の幅（コンテキスト）の中で，どのような単語が登場するのかを予測するタスクを考えてみよう．ここでは前後 C 単語の範囲に入っている単語を隣接語と呼ぶことにする．このような隣接語予測のタスクがうまくこなせる埋め込みベクトルを学習させられれば，それは単語の使用のされ方の情報を含んだベクトルと考えられるので，分布仮説に基づいた埋め込みベクトルの作り方ということになる．

そこでまず，各 i 番目の単語の埋め込みベクトル $\boldsymbol{v}_i \in \mathbb{R}^{1\times d}$ ははじめは未知であるので，これを学習パラメータとして扱い，最初は乱数からサンプリングした初期値を付与しておく．

ある単語 $\boldsymbol{v}_i$ が与えられたとき，この周辺に現れる単語がどのようなものであるのかを予測する線形モデルを考える．

$$\boldsymbol{s}_i = \boldsymbol{v}_i W. \tag{B1.1}$$

ここで $W \in \mathbb{R}^{d\times V}$ は線形モデルのパラメータである．ベクトル $\boldsymbol{s}_i$ の第 j 成分を s_{ij} と書くことにすると，このモデルは具体的には

$$s_{ij} = \boldsymbol{v}_i W_{:j} \tag{B1.2}$$

である．ここで $W_{:j}$ は行列 W の第 j 列目をスライスして作ったベクトルの意味である（NumPy などの配列のスライスに関する記法にならった）．このベクトルを，予測対象の標的単語を埋め込んだ別の種類の埋め込みベクトル $\boldsymbol{v}'_j = W_{:j}^\top$ とみなすと

$$s_{ij} = \boldsymbol{v}_i \boldsymbol{v}'^\top_j \tag{B1.3}$$

と書くこともできる．

このスカラー量 s_{ij} は単語 w_i に対して単語 w_j が隣接語であるかどうかを予測する数字（統計学のロジスティック回帰モデルにおけるロジットに相当する）である．そこでロジスティック回帰モデルを用い，単語 w_i に対して単語 w_j が隣接語となる確率を，次のようなシンプルなモデルで計算することにしよう．

$$P(w_j|w_i) = \frac{e^{s_{ij}}}{1+e^{s_{ij}}}. \tag{B1.4}$$

また，単語 w_j が隣接語ではない確率は $1-P(w_j|w_i)$ である．後はこのモデルをコーパスデータで学習させればよい．

学習に用いる誤差関数の計算は，交差エントロピー (A1.4 節を参照) と同じ考え方をする．単語 w_i に対して単語 w_j が隣接語ではない確率は $1-P(w_j|w_i)$ であるから，交差エントロピー誤差関数は

$$E = -\sum_{(w_j,w_i)\in\mathcal{D}_p} \log P(w_j|w_i) - \sum_{(w_j,w_i)\in\mathcal{D}_n} \log(1-P(w_j|w_i)) \tag{B1.5}$$

となる．ここで $\mathcal{D}_p$ は正例の集合，つまりコーパスの中で実際に隣接語となっている単語のペアの集合である．一方で $\mathcal{D}_n$ は負例の集合，つまりコーパスの中で実際に隣接語となっていない単語のペアの集合である．一般に負例は正例よりも莫大に存在するのでその一部のみをサンプリングして用いるが，その際には単語の実際の出現頻度などを反映させたサンプリング手法が用いられる．後はこの誤差関数を学習パラメータ $\{\boldsymbol{v}_1, \boldsymbol{v}_2, \ldots, \boldsymbol{v}'_1, \boldsymbol{v}'_2, \ldots\}$ に関して勾配降下法で最小化することで学習させればいい．その結果得られた学習パラメータの値 $\{\boldsymbol{v}_1, \boldsymbol{v}_2, \ldots\}$ が，我々が探していた埋め込みベクトルである．

以上，「負例サンプリングを用いた skip-gram」と呼ばれる word2vec の訓練方法をやや簡略化した形で説明した．さらなる一般論などについては，自然言語処理の成書や論文などを参考にするとよい．

さて，このように分布仮説に基づいて計算された埋め込みベクトルには，色々顕著な性質がある．一番有名なものは，

$$\boldsymbol{v}_{\mathrm{king}} - \boldsymbol{v}_{\mathrm{man}} + \boldsymbol{v}_{\mathrm{woman}} \approx \boldsymbol{v}_{\mathrm{queen}} \tag{B1.6}$$

というベクトルの関係式の例で有名な代数演算による類推である．これは左辺

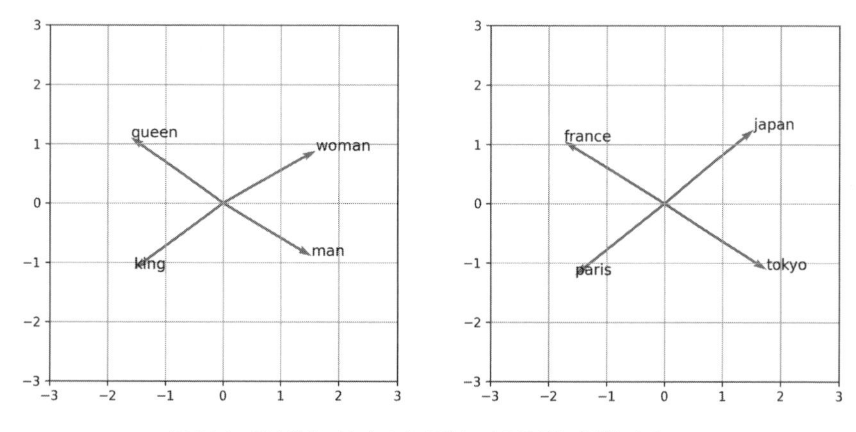

図 B1.1 埋め込みベクトルを PCA で 2 次元に射影したもの.

の計算で得られるベクトルに一番近いベクトルを探すと，それが 'queen' ベクトルであった，という結果である．実際に Gensim ライブラリを用いて，学習ずみの英語の word2vec により $\boldsymbol{v}_{\mathrm{king}} - \boldsymbol{v}_{\mathrm{man}} + \boldsymbol{v}_{\mathrm{woman}}$ に類似したベクトルを探すと，最も似た順にトップ 3 は

```
'queen', 0.830649197101593
'monarch', 0.7416260838508606
'ENTITY/Queen_consort', 0.7348716855049133
```

となる．各数値はベクトルのコサイン類似度である．またこの実験で用いた埋め込みベクトルの次元は $d = 100$ である．同様に $\boldsymbol{v}_{\mathrm{paris}} - \boldsymbol{v}_{\mathrm{france}} + \boldsymbol{v}_{\mathrm{japan}}$ を試してみると

```
'tokyo', 0.8495208621025085
'osaka', 0.8023326992988586
'yokohama', 0.7853697538375854
```

である．このように式 (B1.6) の左辺のベクトルの代数的な計算結果が，実際の単語の意味関係を反映している．この性質は word2vec が発表された当時，驚きを持って受け止められた性質である．

実際の学習ずみの埋め込みベクトルを 4 本だけ取り出し，主成分分析（PCA）という手法により 2 次元に射影した結果を図 B1.1 に示してある．確かに単語間の関係性がベクトルの配置に反映されていることがこの図からも垣間みえる．

B1.1.2 キーバリューストアからの検索と注意機構

前項では，与えられたテキストコーパスの中で各単語がどのように運用されているのかを学習することで，単語の埋め込みベクトルを作る方法を紹介した．この埋め込みベクトルは自然言語処理やデータマイニングで広く用いられ，様々な成果を生み出した．特に自然言語処理のための深層学習においては，テキストデータを効果的に数値化して，言語データの学習をうまく行うために今でも広く用いられている考え方である．

しかし話はこれでおしまいではない．なぜなら，この埋め込みベクトルはいわば各単語の典型的な意味情報を反映したベクトルに過ぎず，特定の文章コンテキストに現れた単語の繊細な意味情報は表現できていないからである．このままでは高度な自然言語処理には不十分である．

本章の冒頭で出した「うちの教授は裸の王様だ」のような文の意味を効果的に抽出して，その情報から何らかの機械学習（文章の分類や他言語への翻訳）を行うモデルを作りたいとしよう．文章の意味をベクトル化するナイーブな方法として，各単語の埋め込みベクトルをすべて足し上げ 1 本のベクトルにする，という方法がすぐに思いつく．

$$\boldsymbol{v}_{\text{うち}} + \boldsymbol{v}_{\text{の}} + \boldsymbol{v}_{\text{教授}} + \boldsymbol{v}_{\text{は}} + \boldsymbol{v}_{\text{裸}} + \boldsymbol{v}_{\text{の}} + \boldsymbol{v}_{\text{王様}} + \boldsymbol{v}_{\text{だ}}. \tag{B1.7}$$

この操作によりできたベクトルは，文章に登場するすべての単語の意味を合算したベクトルであるので，文章全体の何らかの意味を少しは反映していよう．しかし必ずしもうまく文章の意味が反映させられてはいない．

その理由の 1 つは，このようにベクトルを足すだけでは文章の語順の情報が一切考慮に入れられていないからだ．もし元の文章が「うちの王様は裸の教授だ」であっても，上の手続きは同じベクトルを与える．しかし一方で文章の意味は大きく変わり，やや危険な香りのする君主像が浮かび上がってくる．

もう 1 つの理由は，すべての単語に同じ重みを与えて足し合わせてしまっているため，文章の意味を大きく担う単語の情報が薄れてしまっている，というものである．この「うちの教授は裸の王様だ」という文章では「の」が2回登場するため，足し合わせたベクトルに一番大きな影響を与える．しかしこの文章の意味を把握する上で「教授」や「裸」や「王様」という単語の方がより重要であろう．

さらに上の2つの問題を解消したとしても，各単語がどのような文章コンテキストに登場した単語か，という情報がうまく取り込めていない問題も残る．つまり単純な $\boldsymbol{v}_{\text{王様}}$ という埋め込みベクトルではなく，「裸の王様」や，「教授を揶揄している」というコンテキストのニュアンスを取り込んだ，より工夫された $\boldsymbol{v}_{\text{王様}}$ ベクトルを用意しなければ，文章の意味情報をうまく反映させることはできない．

そこでこれらの問題を解消し，様々な自然言語処理モデルで強力な威力を発揮する**注意機構**（attention mechanism）の考え方を紹介しよう．

まず問題を少し一般化する．ある単語の埋め込みベクトルに対して，周辺に現れる単語たちのベクトルのうち重要なものだけを検索し，重要度に応じた重み付けを行った上でそれら周辺にある単語のベクトルを取り込む機構を考えてみる．簡単のためまずは単語の登場する語順は無視し，テキストに登場する単語 $\{\boldsymbol{v}_1, \boldsymbol{v}_2, \boldsymbol{v}_3, \ldots, \boldsymbol{v}_T\}$ の中から，ある単語のベクトル $\boldsymbol{q}$ にとって重要なものを探し出す．そしてその情報をベクトル $\boldsymbol{q}$ にうまく取り込む仕組みを作ろう．

そこで検索クエリ $\boldsymbol{q}$ に対して，それに応じて埋め込みベクトルたち $\boldsymbol{v}_1, \boldsymbol{v}_2, \boldsymbol{v}_3, \ldots, \boldsymbol{v}_T$ それぞれの重要度を算出し，重要度を考慮に入れた上でそれらを1つのベクトルに集約すると考えてみよう．つまり，与えられたクエリベクトル $\boldsymbol{q}$ に対して検索された情報を適切に集約したコンテキストベクトル

$$\boldsymbol{c}(\boldsymbol{q}; \boldsymbol{v}_1, \ldots, \boldsymbol{v}_T) = \sum_t w_t \boldsymbol{v}_t \tag{B1.8}$$

を計算する問題として定式化する．ここで w_t は，現在考えている検索クエリベクトル $\boldsymbol{q}$ に対して t 番目の情報がどれほど重要かを表現した，重み付け因子（重要度）であるものとする．この因子のモデル化は以下で具体的に与える．この重み因子に応じて検索対象のベクトル $\boldsymbol{v}_t$ たちを重み付けし，その合計を返す計算によりコンテキストベクトル $\boldsymbol{c}$ は与えられている．

この重みを計算するために，検索対象のテキスト情報はデータベースとして，キーとバリューのペアの集合で与えられているものとしよう．それにより検索

クエリと比べながらデータベースを検索する際に用いやすいキーと，検索対象の具体的な中身を表現するバリューに分けることができ，柔軟性が増す．このようにキー・バリューペアで構成したデータベースをキーバリューストアともいう．このようなものとして，具体的にはPythonの辞書オブジェクトのようなデータベース構造を思い浮かべるとよい．つまり今考えているキーバリューストアにおいては，検索対象の各単語 t はベクトル $\boldsymbol{v}_t$ だけではなく，同時に別の埋め込みベクトル $\boldsymbol{k}_t \in \mathbb{R}^{1\times d}$ としても表現され，それぞれのペアがデータとして用意されているものとする

$$(\boldsymbol{v}_1, \boldsymbol{k}_1), (\boldsymbol{v}_2, \boldsymbol{k}_2), \ldots, (\boldsymbol{v}_T, \boldsymbol{k}_T). \tag{B1.9}$$

以上の準備の下，注意機構のキモであるところの重要度 w_t のモデル化を紹介する．重要度を測る考え方として，類似した情報は関連性が高いので重要で，関連性の低い情報は無視して構わない，と考えてみる．するとこの重要度は，与えられたクエリ $\boldsymbol{q}$ と各キーベクトル $\boldsymbol{k}_t$ の類似度を計算すれば得られることになる．ベクトルの類似度としてすぐに思いつくものとしてコサイン類似度があるが，ここではベクトルのノルムの寄与は無視して，ベクトルの内積によって2つのベクトルの類似度を評価してみよう．

$$w_t^{\text{naive}} = \boldsymbol{q}\boldsymbol{k}_t^\top. \tag{B1.10}$$

実際にはこの内積そのものではなく，この値をソフトマックス関数[*2]で変換することで確率値のように振る舞うようにした

$$w_t = \text{softmax}(\beta \boldsymbol{q}\boldsymbol{k}_t^\top) = \frac{e^{\beta \boldsymbol{q}\boldsymbol{k}_t^\top}}{\sum_{t'} e^{\beta \boldsymbol{q}\boldsymbol{k}_{t'}^\top}} \tag{B1.11}$$

という量を重要度の重みに用いる．β はハイパーパラメータである．この式はボルツマン分布と似ているので，統計力学の用語を借用して β のことを逆温度と呼ぶこともある．また，ソフトマックス関数を用いたので，確率と同じように $\sum_t w_t = 1$ を満たすことに注意しよう．

この重要度のモデルには直感的な解釈がある．そこで，まず「高温極限」$\beta = 0$

---

*2) ソフトマックス関数については A2.5 節を参照.

を考えてみよう．この場合は w_t はクエリにも添字 t にも依存せずに単純化する

$$w_t = \frac{1}{\sum_{t'} 1} = \frac{1}{T}. \tag{B1.12}$$

つまり，すべての単語をその詳細を一切無視して等しく重み付けすることに相当する．したがって得られるコンテキストベクトルは，単にすべての単語のベクトルを足し合わせただけの平均ベクトル

$$\boldsymbol{c} = \frac{1}{N}\sum_t \boldsymbol{v}_t \tag{B1.13}$$

である．この極端なケースではクエリ $\boldsymbol{q}$ の性質が一切反映しない．

次に「低温極限」$\beta = \infty$ を考えてみよう．まず，あるインデックス t^* のキーベクトルに対して，クエリベクトルとキーベクトルの内積が最大を取っているものとする $\boldsymbol{q}\boldsymbol{k}_{t^*}^\top > \boldsymbol{q}\boldsymbol{k}_{t(\neq t^*)}^\top$．すると $\beta \to \infty$ に従い

$$w_t = \frac{1}{\sum_{t'} e^{-\beta(\boldsymbol{q}\boldsymbol{k}_t^\top - \boldsymbol{q}\boldsymbol{k}_{t'}^\top)}} = \frac{1}{e^{-\beta(\boldsymbol{q}\boldsymbol{k}_t^\top - \boldsymbol{q}\boldsymbol{k}_{t^*}^\top)} + \sum_{t' \neq t^*} e^{-\beta(\boldsymbol{q}\boldsymbol{k}_t^\top - \boldsymbol{q}\boldsymbol{k}_{t'}^\top)}} \to \delta_{tt^*} \tag{B1.14}$$

となる．ここで δ_{tt^*} はクロネッカーのデルタ記号（Kronecker delta）である．するとコンテキストベクトルは

$$\boldsymbol{c} = \sum_t \delta_{tt^*}\boldsymbol{v}_t = \boldsymbol{v}_{t^*} \tag{B1.15}$$

となり，つまりキーバリューストアの中からクエリと一番類似したベクトルだけが取り出されることになる．クエリベクトルとキーベクトルの内積が最大値を取る添字が複数ある場合にどうなるかは，読者の演習問題とする．

実際の β はこの 2 つの極端な場合の間に値を取るので，コンテキストベクトルにはデータベースの中の単語が広く取り込まれるものの，特にクエリと似たベクトルに大きな重要度が付与される形になっていることがわかる．このようにキーバリューのデータベースから重要な情報だけを取り込み，検索クエリのベクトルにコンテキスト情報を取り込む仕組みが注意機構である．次項では，この仕組みを自然言語処理モデルに具体的に応用する方法を紹介する．

B1.1.3 トランスフォーマー・アーキテクチャ

では，注意機構を用いてテキストを特徴量化する方法を解説しよう．これまでと若干記号を変更し，まず注意機構で処理されるテキストデータは何らかの埋め込みベクトル $\{\boldsymbol{x}_1, \boldsymbol{x}_2, \boldsymbol{x}_3, \ldots, \boldsymbol{x}_T\}$ で表現されているものとする．word2vec でもよいし，すでに注意機構で処理された，コンテキスト情報を取り込んだベクトルでもよい．このベクトルにさらに注意機構を施し，各ベクトルの中にコンテキスト情報を取り込もう．

これから紹介するのは，注意機構の中でも，特に**自己注意**（self attention）と呼ばれるものである．自己注意においては，クエリとして情報を取り込まれる単語も，コンテキストのソースとして用いられるキーバリューも，どちらも同じテキストデータの単語であるとする．すなわち，テキスト中の各単語をクエリとして，（単語自分自身も含めて）同じテキストの周辺の単語たちを検索することで単語自身の文脈を把握することを目的にした注意機構の使い方である．

自己注意においては，キー・クエリ・バリューはすべて同じテキストの埋め込みベクトル $\{\boldsymbol{x}_1, \boldsymbol{x}_2, \boldsymbol{x}_3, \ldots, \boldsymbol{x}_T\}$ ということになるが，実際に使用する埋め込みベクトルには学習パラメータの行列 W^Q, W^K, W^V を掛けて変換することで，訓練により調整する余地を持たせることにする．

$$\boldsymbol{q}_1 = \boldsymbol{x}_1 W^Q, \boldsymbol{q}_2 = \boldsymbol{x}_2 W^Q, \ldots, \ \boldsymbol{q}_T = \boldsymbol{x}_T W^Q, \tag{B1.16}$$

$$\boldsymbol{k}_1 = \boldsymbol{x}_1 W^K, \boldsymbol{k}_2 = \boldsymbol{x}_2 W^K, \ldots, \ \boldsymbol{k}_T = \boldsymbol{x}_T W^K, \tag{B1.17}$$

$$\boldsymbol{v}_1 = \boldsymbol{x}_1 W^V, \boldsymbol{v}_2 = \boldsymbol{x}_2 W^V, \ldots, \ \boldsymbol{v}_T = \boldsymbol{x}_T W^V. \tag{B1.18}$$

このように埋め込みを W^Q 行列で変換したものがクエリベクトル，W^K 行列で変換したものがキーベクトル，W^V 行列で変換したものがバリューベクトルである．この設定に注意機構を用いることで，各単語 $\boldsymbol{x}_t$ を，コンテキスト情報を取り込んだより「賢い」ベクトル $\boldsymbol{c}(\boldsymbol{q}_t)$ にすることができる．

$$\boldsymbol{x}_t \to \boldsymbol{q}_t \to \boldsymbol{c}(\boldsymbol{q}_t). \tag{B1.19}$$

具体的には，次のような計算で求めることができた．

$$\boldsymbol{c}(\boldsymbol{q}_t) = \sum_{t'} \mathrm{softmax}(\beta \boldsymbol{q}_t \boldsymbol{k}_{t'}^\top) \boldsymbol{v}_{t'} = \sum_{t'} \frac{e^{\beta \boldsymbol{q}_t \boldsymbol{k}_{t'}^\top}}{\sum_{t'} e^{\beta \boldsymbol{q}_t \boldsymbol{k}_{t'}^\top}} \boldsymbol{v}_{t'}. \tag{B1.20}$$

この仕組みが通常の深層学習モデル同様，簡単な行列演算と非線形性で表現できることを確認しよう．つまり標準的な深層学習ライブラリが対応できるネットワーク計算式として，容易で効率的な実装が可能なモデルであることを確認する．

そこでまず，テキストに登場するキーとバリューを1つの $T \times d$ 配列にまとめよう．

$$K = \begin{pmatrix} \boldsymbol{k}_1 \\ \boldsymbol{k}_2 \\ \vdots \\ \boldsymbol{k}_T \end{pmatrix} \in \mathbb{R}^{T \times d}, \quad V = \begin{pmatrix} \boldsymbol{v}_1 \\ \boldsymbol{v}_2 \\ \vdots \\ \boldsymbol{v}_T \end{pmatrix} \in \mathbb{R}^{T \times d}. \tag{B1.21}$$

元のベクトルはスライスにより $\boldsymbol{k}_t = K_{t:} \in \mathbb{R}^{1 \times d}$ と得ることができる．すると $t = 1, 2, \ldots, T$ に対する注意の重要度の重みを行列計算を使ってまとめて簡単に書くことができる．

$$\begin{pmatrix} w_1(\boldsymbol{q}_t) & w_2(\boldsymbol{q}_t) & \cdots & w_T(\boldsymbol{q}_t) \end{pmatrix} = \mathrm{softmax}(\beta \boldsymbol{q}_t K^\top) \in \mathbb{R}^{1 \times T} \tag{B1.22}$$

とすると，コンテキストを取り込んだ後のベクトルの計算も，行列積を用いて簡単に書くことができる．

$$\boldsymbol{c}(\boldsymbol{q}_t) = \mathrm{softmax}(\beta \boldsymbol{q}_t K^\top) V \in \mathbb{R}^{1 \times d}. \tag{B1.23}$$

ここまでの計算は $\sum$ 記号を用いる代わりに行列積を用いて書き換えただけであるので，数学的には同値な変形である．したがって一見すると特に重要な計算をしたように思えず，ポイントを見逃してしまうかもしれない．しかし現在の深層学習モデルは，行列計算を加速する GPU のようなハードウエア・ソフトウエアを用いることで現実的な時間で学習・推論が可能になっている．したがって行列演算で書けるか否か，高速化・並列化が困難な入り組んだ要素間の処理でしか表現できないかどうかは，そのモデルの実用性に極めて大きな影響を与える要素となる．このようなことが直感的にすぐわかり，実用的な数式表現を無意識的に重要視できるようなレベルまで勉強が進めば，いよいよ深層学習の専門家の仲間入りであろう．要するに深層学習のような分野では美しい数学が重要なのではなく，よい形で実装可能なアイデアかどうかが重要なのである．

さらに先に進もう．実際には，クエリとしてはテキスト中の全単語を処理するので，これも行列にまとめておくことにする．

$$Q = \begin{pmatrix} \boldsymbol{q}_1 \\ \boldsymbol{q}_2 \\ \vdots \\ \boldsymbol{q}_T \end{pmatrix} \in \mathbb{R}^{T\times d}, \quad C = \begin{pmatrix} \boldsymbol{c}(\boldsymbol{q}_1) \\ \boldsymbol{c}(\boldsymbol{q}_2) \\ \vdots \\ \boldsymbol{c}(\boldsymbol{q}_T) \end{pmatrix} \in \mathbb{R}^{T\times d}. \tag{B1.24}$$

すると注意の計算も，すべての単語の処理を 1 つの行列に対する演算としてまとめて書くことができる．

$$C = \mathrm{softmax}_{\mathrm{row}}(\beta QK^\top)V \in \mathbb{R}^{T\times d}. \tag{B1.25}$$

ここで $\mathrm{softmax}_{\mathrm{row}}$ は $T \times T$ 行列 $\beta QK^\top$ の成分すべてにソフトマックスを施すのではなく，行ベクトルごとにソフトマックス関数を施す，という意味である．ベクトルにまとめる前のそれぞれの重要度の計算法（B1.23）を参照すれば，その意味するところがわかるであろう．元のベクトルは，この配列のスライス $C_{t:} = \boldsymbol{c}(\boldsymbol{q}_t)$ である．

以上の処理をまとめよう．まず，入力の埋め込みベクトルも 1 つの配列にまとめる．

$$X = \begin{pmatrix} \boldsymbol{x}_1 \\ \boldsymbol{x}_2 \\ \vdots \\ \boldsymbol{x}_T \end{pmatrix} \in \mathbb{R}^{T\times d}. \tag{B1.26}$$

すると，K, Q, V は次の行列積で一気に計算できる．

$$Q = XW^Q, \quad K = XW^K, \quad V = XW^V. \tag{B1.27}$$

右辺の各行がどうなるかを考えれば，行列の掛け算の規則から自明であろう．このようにして得られたキークエリバリューの 3 つ組から $\sum_t \mathrm{softmax}_{\mathrm{row}}(\beta QK^\top)V$ を計算するのが自己注意であったので，この処理をニューラルネットワークのある層，第 l 層から第 $l+1$ 層の間の計算に用いることを考える．深層学習で広く用いられる工夫として，ResNet 化もすることにすると

$$X^{l+1} = \mathrm{softmax}_{\mathrm{row}}\left(\beta Q(X^l)K(X^l)^\top\right)V(X^l) + X^l \tag{B1.28}$$

という層を使うことになる．このような層が**注意層**（attention layer）あるいは**注意モジュール**（attention module）と呼ばれる層である．実際のモデルにおいてはレイヤーノーマリゼーションと呼ばれる層や，マルチヘッド化という細工を行ったモデルが用いられる．ここまで理解できればそれについて理解するのも簡単であるので，もし興味があればウェブ上の資料[3)] などで簡単に勉強してみるとよい．

さて，**トランスフォーマー**（transformer）と呼ばれるアーキテクチャは，非自明な層としてこの注意層だけを用いて作られたニューラルネットワークである．しかし実際には注意層だけを積層したネットワークではなく position-wise feed-forward networks や FFN 層と呼ばれる層も用いる．というのも，注意層は単語ベクトルたちを足し合わせることで単語間の情報を混ぜることはできるが，各ベクトルの $\mathbb{R}^{1\times d}$ の次元を非線形に混ぜるような効果は及ぼさない．そこで注意層に加え，各ベクトルごとに，d 個の成分を 2 層のニューラルネットワークで混合するモジュールを用意する．

$$\boldsymbol{x}^{l+2} = f\left(\boldsymbol{x}^{l+1}W_1\right)W_2 + \boldsymbol{x}^{l+1}. \tag{B1.29}$$

ここで f は非線形な活性化関数で，GELU というものがよく用いられる．この計算も簡単に行列計算にまとめることができ

$$X^{l+2} = f\left(X^{l+1}W_1\right)W_2 + X^{l+1} \tag{B1.30}$$

となる．

このように注意層 $X^l \to X^{l+1}$ と FFN 層 $X^{l+1} \to X^{l+2}$ をひとまとめにしたモジュールを複数（数十層）積層してできるネットワークがトランスフォーマーである．トランスフォーマーの入力には，word2vec などで各単語をうまく数値ベクトルに埋め込んだテキストデータ $X^0 \in \mathbb{R}^{T\times d}$ を用いる．

図 B1.2 には，実際に訓練ずみのトランスフォーマーモデルの 1 つである BERT

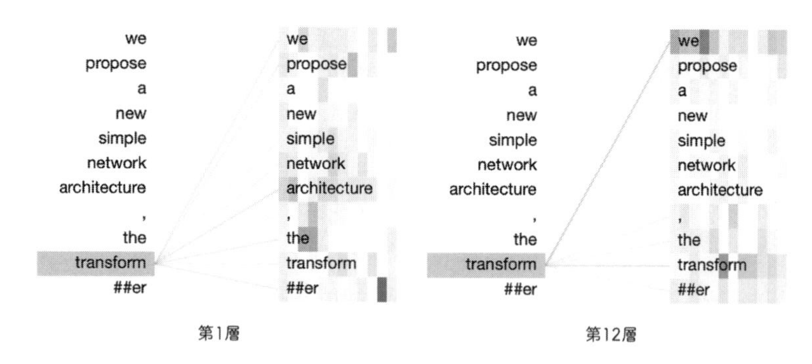

図 B1.2 トランスフォーマー（BERT）の，注意の挙動の可視化．BertVis というライブラリを用いた．

の注意の挙動を可視化してある．この図では，BERT に we propose a new simple network architecture, the transformer という文章（トランスフォーマーを提案した論文のアブストラクトの一文）を入力し，どのような重みが計算されているのかを第 1 層と第 12 層に関して可視化した．transformer が transform と##er に分解されているのはサブワード化という処理であるが，ここでは立ち入らない．この図では transform というクエリで集約される情報が，入力に近い層と出力に近い層で大きく異なることがみて取れる．

最後に，これまで誤魔化してきた点についてきちんと説明してこの項を終わろう．先ほど作ったモジュールは $\boldsymbol{x}_1^l, \boldsymbol{x}_2^l, \boldsymbol{x}_3^l, \ldots, \boldsymbol{x}_T^l$ という順で並んだベクトルを入力すると $\boldsymbol{x}_1^{l+2}, \boldsymbol{x}_2^{l+2}, \boldsymbol{x}_3^{l+2}, \ldots, \boldsymbol{x}_T^{l+2}$ という出力ベクトルの列に変換する．そこで試しに人工的に，入力ベクトルの順番を 1 箇所だけ $\boldsymbol{x}_2^l, \boldsymbol{x}_1^l, \boldsymbol{x}_3^l, \ldots, \boldsymbol{x}_T^l$ とひっくり返してみよう．すると別のベクトル $\boldsymbol{x'}_2^{l+2}, \boldsymbol{x'}_1^{l+2}, \boldsymbol{x'}_3^{l+2}, \ldots, \boldsymbol{x'}_T^{l+2}$ が得られることになるが，実は注意の計算にはベクトルの順序を考慮する要素が一切ない．したがって $\boldsymbol{x'}_2^{l+2} = \boldsymbol{x}_2^{l+2}, \boldsymbol{x'}_1^{l+2} = \boldsymbol{x}_1^{l+2}, \ldots, \boldsymbol{x'}_T^{l+2} = \boldsymbol{x}_T^{l+2}$ となり，まったく同じベクトルが得られる．つまり単語の順序の情報がベクトルに反映しないということである．

これは大きな問題である．なぜなら例えば is this a pen という疑問文でも，this is a pen という肯定文でも，得られるベクトルはまったく同じものになり，その結果文章がどちらであるのかがコンテキスト情報としては取り込めないことになるからである．

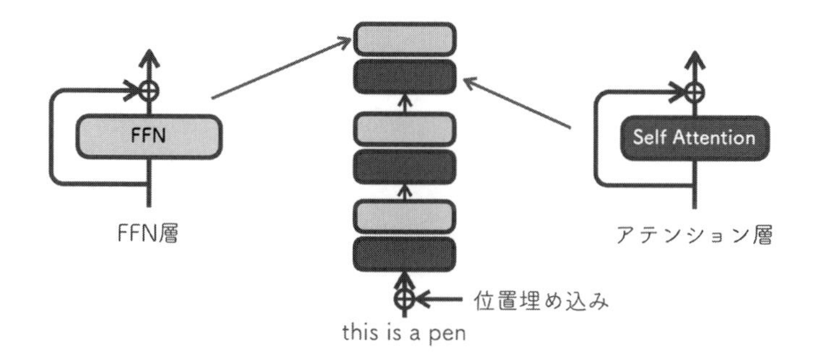

図 B1.3　トランスフォーマーのアーキテクチャ構成図．図では 3 つのモジュールを積層しているが，実際には 10 層以上用いる．

この問題を解消するために，トランスフォーマーではやや強引な手法を用いる．そのアイデアのポイントは，上で述べたような置換対称性を手で人工的に壊す，というものである．そのために用いるのが**位置埋め込み**（positional embedding）である．この方法ではまず，単語の各位置の情報をうまく表現した，互いに異なるベクトルを用意する

$$\boldsymbol{p}_1,\ \boldsymbol{p}_2,\ \ldots,\ \boldsymbol{p}_T. \tag{B1.31}$$

そしてトランスフォーマに埋め込みベクトルを入力する前に，あらかじめこのベクトルを加算するのである．

$$\boldsymbol{x}_1^0 + \boldsymbol{p}_1, \quad \boldsymbol{x}_2^0 + \boldsymbol{p}_2, \quad \ldots, \quad \boldsymbol{x}_T^0 + \boldsymbol{p}_T. \tag{B1.32}$$

この操作も含めて，トランスフォーマーの構造は図 B1.3 のようにまとめられる．

このように位置埋め込みを用いると，this is a pen と is this a pen では入力されるベクトルが異なることになる．

$$\boldsymbol{x}_{\text{this}}^0 + \boldsymbol{p}_1, \quad \boldsymbol{x}_{\text{is}}^0 + \boldsymbol{p}_2, \quad \boldsymbol{x}_a^0 + \boldsymbol{p}_3, \quad \boldsymbol{x}_{\text{pen}}^0 + \boldsymbol{p}_4, \tag{B1.33}$$

$$\boldsymbol{x}_{\text{is}}^0 + \boldsymbol{p}_1, \quad \boldsymbol{x}_{\text{this}}^0 + \boldsymbol{p}_2, \quad \boldsymbol{x}_a^0 + \boldsymbol{p}_3, \quad \boldsymbol{x}_{\text{pen}}^0 + \boldsymbol{p}_4. \tag{B1.34}$$

これにより自ずと出力ベクトルにも位置情報が反映し，したがって単語の順序情報が入力を通じて強制的にトランスフォーマーに教えられることになる．

実際のトランスフォーマーモデルに用いる $\boldsymbol{p}_t$ の具体的なチョイスとしては，

三角関数位置埋め込みという定数ベクトルを用いるもの（position encoding）や，位置埋め込み自体を学習パラメータとするものがある．また上の例のように絶対的な位置情報を教える位置埋め込みに対して，単語間の相対的な位置情報を反映させる相対位置埋め込みなども用いられている．

B1.2 トランスフォーマーとNLP・コンピュータビジョン

この節では，トランスフォーマーを用いて学習できるタスクを，自然言語処理とコンピュータビジョンから1つずつ具体的に取り上げる．その1つがB1.2.1項で取り上げるテキスト生成であり，もう1つはB1.2.2項で紹介する画像分類である．

B1.2.1 GPT

2024年現在，ChatGPTをはじめとする大規模言語モデルに基づくアプリケーションが社会や産業に極めて大きな影響を及ぼすようになっている．これら言語モデルのほぼすべては，シンプルなトランスフォーマーに基づくGPT（Generative Pretrained Transformer）を使って実装されている．

GPTの訓練に用いられている文生成タスクとは，入力テキストから次の単語を予測するタスクである．

$$w_1 w_2 \cdots w_T \to w_{T+1}. \tag{B1.35}$$

GPTでは，トランスフォーマーのL層の出力ベクトルを用いたソフトマックス回帰で次の単語を予測させることで，トランスフォーマーを訓練する．

$$\begin{pmatrix} P_1 & P_2 & \cdots & P_V \end{pmatrix} = \mathrm{softmax}(\boldsymbol{x}_T^L W^{L+1} + \boldsymbol{b}^{L+1}). \tag{B1.36}$$

ここでP_vは，次の単語が辞書の第v番目の単語である予測確率である．

このように文生成タスクは$w_1 w_2 \cdots w_T$からw_{T+1}を予測するタスクであるので，特に訓練の際にt番目の単語が，自分より「未来側」にある単語に注意を向けることを防がなくてはならない．そうでないと，注意を使って未来側の単語をカンニングできてしまうからである．そこで

$$\boldsymbol{c}(\boldsymbol{q}_t) = \sum_{t'=1}^{t} \mathrm{softmax}(\beta \boldsymbol{q}_t \boldsymbol{k}_{t'}^{\top}) \boldsymbol{v}_{t'} \tag{B1.37}$$

のように注意の計算の範囲を $\sum_{t'=1}^{T}$ から $\sum_{t'=1}^{t}$ に変更する．このような操作も，因果的マスク M_{causal} を用いれば行列として表現することができる．

$$X^{l+1} = \mathrm{softmax}_{\mathrm{row}} \left(\beta Q(X^l) K(X^l)^{\top} + M_{\mathrm{causal}} \right) V(X^l) + X^l. \tag{B1.38}$$

ここで因果的マスクは

$$M_{\mathrm{causal}} = \begin{pmatrix} 0 & -\infty & -\infty & \cdots & -\infty \\ 0 & 0 & -\infty & \cdots & -\infty \\ 0 & 0 & 0 & \cdots & -\infty \\ \vdots & & & \vdots & \\ 0 & 0 & 0 & \cdots & 0 \end{pmatrix} \in \mathbb{R}^{T \times T} \tag{B1.39}$$

という行列で具体的に与えることができる．引数が $-\infty$ になると，ソフトマックスの計算に $e^{-\infty}$ の因子が生じるため，その部分の注意の重要度が強制的に 0 に制約されるからである．

実際の因果的マスクを用いた訓練は教師強制（teacher forcing）という手法を用いてなされる．これについても自然言語処理の成書でたくさんの解説[4] があるので，興味がある読者は調べてみることをお勧めする．

B1.2.2　ビジョン・トランスフォーマー

次に，画像の分類にトランスフォーマーを用いる例を紹介しよう．これまで機械学習ベースのコンピュータビジョンにおけるデファクトスタンダードは，永らく畳み込みネットワークであった．しかし現在の先端的なコンピュータビジョンにおいて純粋な畳み込みネットワークが用いられる機会はめっきり減り，多くの高性能なモデルはトランスフォーマーをベースにして実装されている．

さて言語ではなくて画像に対してトランスフォーマーを用いるとはどういうことであろう？　離散的なシンボル列である言語に対し，画像は 2 次元の連続的なデータである．このままではトランスフォーマーで処理することはできない．

そこで Vision Transformer（ViT）[5] では，画像を小さな正方形パッチに分割し，それぞれのパッチを 1 つの単語のように扱う．例えば画像を 16×16 サイズのパッチに分割することにしよう．元の画像のサイズが 224×224 であれば，トータル $14 \times 14 = 196$ 個のパッチができる．各パッチは RGB のチャネルも含めると $16 \times 16 \times 3$ なので，これらのピクセル値を一列に並べて 768 次元のベクトルにする．

$$\boldsymbol{x}_t^{\text{img}} \in \mathbb{R}^{1\times 768} \quad (t = 1, 2, \ldots, 196). \tag{B1.40}$$

これに学習パラメータ $W^{\text{emb}} \in \mathbb{R}^{768\times d}$ を掛け合わせることで，トランスフォーマーへの入力埋め込みベクトルを作る．

$$\boldsymbol{x}_t^0 = \boldsymbol{x}_t^{\text{img}} W^{\text{emb}} \in \mathbb{R}^{1\times d} \quad (t = 1, 2, \ldots, 196). \tag{B1.41}$$

このようにして作ったベクトルに，画像分類用の特殊トークンベクトル $\boldsymbol{x}_0^0 \in \mathbb{R}^{1\times d}$ も加えよう．このベクトルは，画像全体のカテゴリ情報を集約する役割を果たす．このベクトルもまた学習パラメータである．

このように画像の明示的な 2 次元構造の破壊を許すと，画像を埋め込みベクトルの列

$$\boldsymbol{x}_0^0,\ \boldsymbol{x}_1^0,\ \boldsymbol{x}_2^0,\ \ldots,\ \boldsymbol{x}_{196}^0 \tag{B1.42}$$

として表現することができる．後はこれをトランスフォーマーに入力すればよい．

もしこのトランスフォーマーで画像の分類問題を学習させたければ，第 L 層の特殊トークンベクトル $\boldsymbol{x}_0^L$ をソフトマックス回帰に用いればよい．

$$\begin{pmatrix} P_1 & P_2 & \cdots & P_{1000} \end{pmatrix} = \text{softmax}(\boldsymbol{x}_0^L W^{L+1} + \boldsymbol{b}^{L+1}). \tag{B1.43}$$

ここでは画像の 1000 クラス分類を想定している．また P_c は，画像が第 c 番目に分類される確率である．また出力層を複雑化させることで，もっと複雑なタスクでも学習可能である．実際，今では画像分類以外にも，物体検出やセグメンテーション，画像生成など，様々なコンピュータビジョンのタスクにおいてトランスフォーマーが活躍している．

では実際に ViT の注意はどのような役割を果たしているのであろうか？　そ

図 B1.4 ビジョン・トランスフォーマー（ViT_B16）の第1層において，CLS トークンが向ける注意の可視化．14 × 14 の粗いヒートマップを平滑化して表示してある．

れをみるために，第1層において特殊トークンベクトル $\boldsymbol{x}_0^1$ から向けられた注意の重要度を可視化してみよう．196 個のベクトルに向けた 196 個の注意の重みの値を，再び元の 14 × 14 の 2 次元配置に戻すことで，空間的な重みの分布が画像化できる．その結果が図 B1.4 である．あまりわかりやすい結果ではないが，画像中の特徴のある場所に注意が向いていることがわかる．

さて，画像処理においても今やトランスフォーマーは欠かせない道具となっているが，果たして本当に画像の学習においても自然言語処理と同じ注意機構が必要なのであろうか？　実は注意の重要性に反論する研究結果がいくつも知られている．例えば MLP-Mixer[6] というモデルにおいては，ViT に匹敵する性能を，注意機構を一切用いない多層パーセプトロンで実現することに成功している．また大学院生の立浪氏と著者は，注意機構の代わりに，古くから用いられてきた RNN を用いるだけで，ViT を上回る性能が実現できることを発見した[7]．現在，CNN や ViT に限らないより広いクラスのモデルが画像データの学習において極めて強力な能力を発揮するものと考えられており，このようなモデル群の性質の解明に向けた研究が熱心に進められている．　**［瀧　雅人］**

文　　　献

1) T. Mikolov, *et al.*, Efficient estimation of word representations in vector space, arXiv preprint arXiv:1301.3781 (2013).
2) A. Vaswani, *et al.*, Attention is all you need, *NeurIPS*, **30** (2017).
3) J. Alammar, The Illustrated Transformer, http://jalammar.github.io/illustrated-transformer/
4) I. Goodfellow, Y. Bengio, and A. Courville, Deep Learning, https://www.deeplearningbook.org
5) A. Dosovitskiy, *et al.*, An image is worth 16x16 words: Transformers for image recognition at scale, *ICLR* (2020).
6) I. Tolstikhin, *et al.*, Mlp-mixer: An all-mlp architecture for vision, *NeurIPS*, **34**, 24261 (2021).
7) Y. Tatsunami and M. Taki, Sequencer: Deep lstm for image classification, *NeurIPS*, **35**, 38204 (2022).

B2
拡散モデルと経路積分

物理学と機械学習の接点として，本章では**拡散モデル**を取り上げる．拡散モデルは，データの生成をモデリングするための深層学習に基づく手法の１つであり，特に画像，音声，動画などの生成において，近年大きな注目を集めている．拡散モデルの特徴は，データを徐々にノイズに変換する「拡散プロセス」と，その逆の「逆拡散プロセス」を通じて，データの分布を学習し新たなデータを生成する点にある．この両方の過程において，物理でも馴染みのあるランジュバン方程式（Langevin equation）が使われている．実際，拡散モデルのメカニズムが最初に議論された論文のタイトルは，“Deep Unsupervised Learning using Nonequilibrium Thermodynamics”（「非平衡熱力学を用いた深層教師なし学習」[1)]）であり，「非平衡熱力学」という言葉が入っている．

本章では，物理学との接点に着目しつつ，拡散モデルについて議論する．最初に，拡散モデルによるデータ生成の基本的な仕組みを解説する．次に，量子力学や場の量子論，確率過程の記述に用いられる経路積分を導入し，最後に経路積分を用いた拡散モデルの定式化について紹介する．

B2.1　拡散モデルの原理

拡散モデル[2)] の研究およびその応用は，著しい速度で進行している．この分野では技術革新が非常に迅速に起こっており，新たに得られた知見が速やかに陳腐化することが予想される．そうした状況を鑑みて，本節では拡散モデルの基本原理に焦点を当て，解説を行う（図 B2.1 に概要をまとめた）．

訓練データとして画像の集合が与えられたとしよう．我々のやりたいことは，

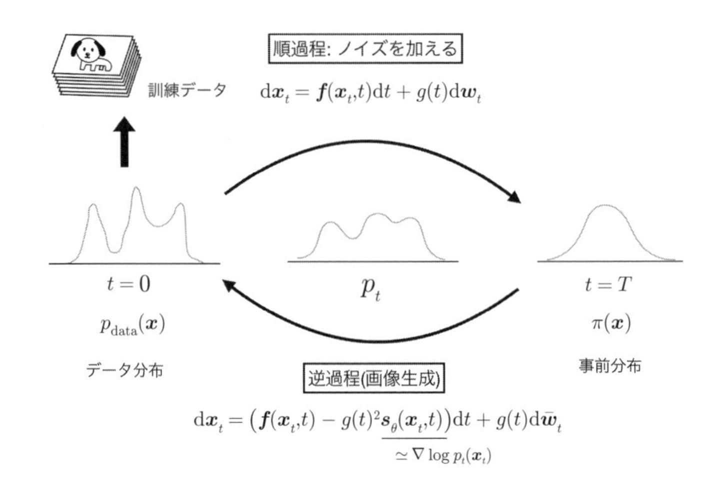

図 B2.1 拡散モデルにおける画像生成の概念図.

訓練データの画像と似た，新たな画像を生成することである．基本的な前提として，これらの画像はあるデータ分布 $p_{\mathrm{data}}(\boldsymbol{x})$ からサンプルされたものだと考える．したがって，既存の画像と似た画像を生成する問題は，このデータ分布からいかにサンプリングを行うか，という問題へと帰着する．

データ分布 $p_{\mathrm{data}}(\boldsymbol{x})$ からのサンプリングには，2 つの問題がある．まず，データ分布は未知であり，訓練データとして与えられた画像に基づいて推定する必要がある．2 つ目の問題は，仮にデータ分布を厳密に知っていたとしても，サンプリングには困難が伴う点である．というのは，データ分布は多くの場合，画像の持つ次元に比べて低い次元に局在し，また多峰性である．このような確率分布から，マルコフ連鎖モンテカルロ法 (Markov chain Monte Carlo methods) を用いてサンプリングを行おうとすると，1 つの山から別の山へと移るのに長い時間がかかってしまう．拡散モデルはこの 2 つの問題をうまく解決している．どのように解決しているのか，これからみていこう．

B2.1.1 拡散モデルのアイデア

本項では**確率微分方程式** (stochastic differential equation, SDE)[3] による拡散モデルの定式化を紹介する[6]．画像が 1 枚与えられたとして，それを $\boldsymbol{x}_0$ というベクトルで表記する．すなわち，各ピクセルにおける値（カラー画像の場合はRGBそれぞれについて）を，縦一列に並べることにより，画像を表現する．$\boldsymbol{x}_{t=0} = \boldsymbol{x}_0$ を初期条件として，以下の方程式によって更新していくことを考える．

$$\mathrm{d}\boldsymbol{x}_t = \boldsymbol{f}(\boldsymbol{x}_t, t)\mathrm{d}t + g(t)\mathrm{d}\boldsymbol{w}_t. \tag{B2.1}$$

ここで左辺 $\mathrm{d}\boldsymbol{x}_t := \boldsymbol{x}_{t+\mathrm{d}t} - \boldsymbol{x}_t$ は，時刻 t から $t+\mathrm{d}t$ における増分を表している．右辺の $\boldsymbol{w}_t$ は標準ウィーナー過程（Wiener process）[*1] と呼ばれる確率過程であり，$\mathrm{d}\boldsymbol{w}_t := \boldsymbol{w}_{t+\mathrm{d}t} - \boldsymbol{w}_t$ はその増分である．式 (B2.1) の右辺第 1 項 $\boldsymbol{f}(\boldsymbol{x}_t, t)$ は決定論的に決まる（時刻 t と $\boldsymbol{x}_t$ が与えられれば定まる）のに対して，右辺第 2 項はランダムなノイズの寄与を表している．式 (B2.1) に従って $\boldsymbol{x}_0$ を時刻 $t = 0$ から $t = T$ まで発展させることを考えると，ノイズの実現 $\{\boldsymbol{w}_t\}_{t\in[0,T]}$ に応じて，1 つの経路 $\{\boldsymbol{x}_t\}_{t\in[0,T]}$ が定まる．ノイズの選ばれ方によって，仮に同じ初期条件から出発したとしても，様々な経路が実現しうる．ランダムなノイズ項が足されていくことにより，画像の中にある構造は破壊され，長時間が経過した後には，砂嵐のような画像となる．

この時間発展の別の見方として，式 (B2.1) は確率分布の変形を与えている，とみることができる．初期状態 $\boldsymbol{x}_{t=0}$ を $p_0(\boldsymbol{x})$ からサンプルするとしよう．各々の初期状態を式 (B2.1) に従って発展させると，たくさんの軌跡ができる．この軌跡たちの，ある時刻 t におけるスナップショットを考えると，サンプル数が大きい極限で，確率分布 $p_t(\boldsymbol{x})$ を与えると考えることができる．すなわち，確率分布が

$$p_0(\boldsymbol{x}) \rightsquigarrow p_t(\boldsymbol{x}) \rightsquigarrow p_T(\boldsymbol{x}) \tag{B2.2}$$

のように変形していくとみるのである．実際，式 (B2.1) により定まる確率過程と等価な表現として，以下のフォッカー・プランク方程式（Fokker–Planck equation）がある．

$$\partial_t p_t(\boldsymbol{x}) = -\nabla \cdot \left[\boldsymbol{f}(\boldsymbol{x}, t) p_t(\boldsymbol{x}) - \frac{g(t)^2}{2} \nabla p_t(\boldsymbol{x}) \right]. \tag{B2.3}$$

[*1] 標準ウィーナー過程 $\boldsymbol{w}_t$ は以下の性質を満たす確率過程として定義される．1) $\boldsymbol{w}_0 = \boldsymbol{0}$, 2) $\boldsymbol{w}_t$ はほとんど至るところで連続, 3) $\boldsymbol{w}_t$ は独立増分を持つ, 4) $\boldsymbol{w}_t$ の増分は正規分布に従う: $t > s$ に対して，$\boldsymbol{w}_t - \boldsymbol{w}_s$ は平均 $\boldsymbol{0}$，分散 $t - s$ の正規分布に従う．

この方程式は，確率の保存に対応する連続の式の形をしていることに注意しておこう．$\boldsymbol{J}_t(\boldsymbol{x}) := \boldsymbol{f}(\boldsymbol{x},t)p_t(\boldsymbol{x}) - \frac{g(t)^2}{2}\nabla p_t(\boldsymbol{x})$ により確率流を定義すると，$\partial_t p_t(\boldsymbol{x}) + \nabla \cdot \boldsymbol{J}_t(\boldsymbol{x}) = 0$ という形に書くことができる．

拡散モデルの基本的な発想は以下のようなものである．まず，$p_{t=0}(\boldsymbol{x}) = p_{\mathrm{data}}(\boldsymbol{x})$ とし，この確率分布を少しずつ変形して（この過程を順過程と呼ぶ）最終的に単純な分布 $p_T(\boldsymbol{x}) = \pi(\boldsymbol{x})$ が得られたとしよう．この変形過程を $t = T$ から**逆再生**すれば（この過程を**逆過程**と呼ぶ），分布 $\pi(\boldsymbol{x})$ を変形させていった結果として $t = 0$ で $p_{\mathrm{data}}(\boldsymbol{x})$ が得られると期待できる．順過程は式 (B2.1) により記述され，逆過程は後で説明するように SDE あるいは常微分方程式（ordinary differential equation, ODE）が用いられる．逆過程の SDE/ODE を用いて事前分布 π から得られた $\boldsymbol{x}_T$ を時刻 $t = 0$ まで発展させることによって，データ分布 $p_{\mathrm{data}}(\boldsymbol{x}_0)$ からのサンプルを 1 つ得ることができる．

確率分布の時間発展は関数 $\boldsymbol{f}(\boldsymbol{x},t)$，$g(t)$ を選ぶことによって定まる．通常，長時間経過したときに，ガウス分布へと近づくようなものが用いられる（この場合，事前分布はガウス分布となる）．例えば，Denoising Diffusion Probabilistic Models[5] という離散時間で定義されたモデルの連続時間版に対応するものは，

$$\boldsymbol{f}(\boldsymbol{x},t) = -\frac{1}{2}\beta(t)\boldsymbol{x}, \quad g(t) = \sqrt{\beta(t)}. \tag{B2.4}$$

時間依存性の指定はノイズスケジューリングと呼ばれる．通常，t が大きくなるにつれてノイズが大きくなるようなものが用いられている．適切なノイズスケジューリングは，画像の大きさやタスクによって異なる．式 (B2.4) の場合，確率流 $\boldsymbol{J}_t(\boldsymbol{x})$ が 0 となるような定常分布が存在する．式 (B2.4) を $\boldsymbol{J}_t(\boldsymbol{x})$ の表式に代入すると，確率流が 0 となる条件は，

$$-\frac{\beta(t)}{2}\boldsymbol{x}\, p_{\mathrm{ss}}(\boldsymbol{x}) - \frac{\beta(t)}{2}\nabla p_{\mathrm{ss}}(\boldsymbol{x}) = \boldsymbol{0} \tag{B2.5}$$

となり，平均 0，分散 1 のガウス分布が解であることがわかる．

$$p_{\mathrm{ss}}(\boldsymbol{x}) \propto e^{-\frac{\|\boldsymbol{x}\|^2}{2}}. \tag{B2.6}$$

実際，長時間が経過すると確率分布は $p_{\mathrm{ss}}(\boldsymbol{x})$ へと収束する．

B2.1.2 拡散モデルとランジュバン方程式

拡散モデルにおいて基本的な役割を果たすのは，確率微分方程式 (B2.1) である．この種の方程式は物理学の文脈だと**ブラウン運動**（Brownian motion）を記述するのに古くから用いられてきた．ブラウン運動とは，例えば液体中のコロイド粒子に対し，水分子が様々な方向から衝突することによって引き起こされる，コロイド粒子のランダムな運動である．物理学の文献では，SDE (B2.1) にあたる式は通常以下のように書かれ，ランジュバン方程式と呼ばれている．

$$\dot{\boldsymbol{x}}_t = \boldsymbol{f}(\boldsymbol{x}_t, t) + \boldsymbol{\xi}_t. \tag{B2.7}$$

ノイズ項 $\boldsymbol{\xi}_t$ は以下の関係式を満たす．

$$\mathbb{E}[\xi_t^i \xi_{t'}^j] = g(t)^2 \delta^{ij} \delta(t - t'). \tag{B2.8}$$

ここで $\mathbb{E}[\cdot]$ は期待値を取る操作を表す．以下で示すように，式 (B2.7) は，オーバーダンプ系のランジュバン方程式と呼ばれている．ランダムな力を受けて運動するコロイド粒子の運動方程式を考えよう．粒子の運動量を $\boldsymbol{p}_t$，座標を $\boldsymbol{x}_t$ とすると，これらは以下の方程式に従う．

$$\dot{\boldsymbol{x}}_t = \frac{1}{m}\boldsymbol{p}_t, \tag{B2.9}$$

$$\dot{\boldsymbol{p}}_t = -\gamma \dot{\boldsymbol{x}}_t + \boldsymbol{F}(\boldsymbol{x}_t, t) + \boldsymbol{\xi}_t. \tag{B2.10}$$

ここで項 $-\gamma \dot{\boldsymbol{x}}_t$ は摩擦力による粒子の速度の減速を表し，$\boldsymbol{\xi}_t$ はランダムな揺動力，$\boldsymbol{F}(\boldsymbol{x}_t, t)$ は粒子に働くその他の力を表す．式 (B2.9) を式 (B2.10) へ代入して $\boldsymbol{p}_t$ を消去すると，

$$m\ddot{\boldsymbol{x}}_t + \gamma \dot{\boldsymbol{x}}_t = \boldsymbol{F}(\boldsymbol{x}_t, t) + \boldsymbol{\xi}_t. \tag{B2.11}$$

この $\ddot{\boldsymbol{x}}_t$ を含んだ方程式はアンダーダンプ系のランジュバン方程式と呼ばれている．摩擦力による効果が質量による慣性に比べて十分大きい状況で，$\ddot{\boldsymbol{x}}_t$ の部分を無視して得られるのがオーバーダンプ系のランジュバン方程式であり，通常の拡散モデルにおいて使われる SDE の形と一致する[*2)]．

---

*2) 拡散モデルをアンダーダンプ系のランジュバン方程式を用いて拡張した結果，生成画像の質が向上するという報告もある[7)]．

B2.1.3 拡散モデルの生成過程

データ分布から事前分布への時間発展が得られたとしよう．拡散モデルによる画像生成の基本的なアイデアは，この時間発展を逆再生すれば，事前分布からデータ分布が得られる，というものであった．フォッカー・プランク方程式 (B2.3) のレベルでは，そのまま時間について逆に解くことができる．しかし，時間逆向きに解いたフォッカー・プランク方程式に対応する SDE を考えようと思うと，式 (B2.3) の最後の項（拡散項と呼ぶ）の符号が負になってしまい，そのままでは SDE とフォッカー・プランク方程式の対応を使うことができない．そこで，フォッカー・プランク方程式を以下のように変形する．

$$\begin{aligned}\partial_t p_t(\boldsymbol{x}) &= -\nabla\cdot\left[\boldsymbol{f}(\boldsymbol{x},t)p_t(\boldsymbol{x}) - \frac{g(t)^2}{2}\nabla p_t(\boldsymbol{x}) + \frac{g(t)^2}{2}\nabla p_t(\boldsymbol{x}) - \frac{g(t)^2}{2}\nabla p_t(\boldsymbol{x})\right] \\ &= -\nabla\cdot\left[\left(\boldsymbol{f}(\boldsymbol{x},t) - g(t)^2\nabla\log p_t(\boldsymbol{x})\right)p_t(\boldsymbol{x}) + \frac{g(t)^2}{2}\nabla p_t(\boldsymbol{x})\right].\end{aligned} \tag{B2.12}$$

上記の変形では $\nabla\log p_t(\boldsymbol{x}) = \nabla p_t(\boldsymbol{x})/p_t(\boldsymbol{x})$ を用いている．式 (B2.12) のようにしておけば，最後の拡散項にあたる部分が，時間を逆再生したときに拡散項として正しい符号になる．フォッカー・プランク方程式とランジュバン方程式の対応を用いると，逆過程の SDE は，以下で与えられることがわかる．

$$\mathrm{d}\boldsymbol{x}_t = [\boldsymbol{f}(\boldsymbol{x}_t,t) - g(t)^2\nabla\log p_t(\boldsymbol{x}_t)]\mathrm{d}t + \mathrm{d}\bar{\boldsymbol{w}}_t. \tag{B2.13}$$

$\log p_t(\boldsymbol{x})$ の $\boldsymbol{x}$ についての勾配，$\nabla\log p_t(\boldsymbol{x})$ はスコアと呼ばれている．したがって，スコアの情報がわかれば，式 (B2.13) を解くことによって，拡散過程の逆再生ができ，画像生成ができることがわかった．

データ分布を再現する上で，確率分布 $p_t(\boldsymbol{x})$ の勾配が重要な情報を与えていることになるが，これには直感的な解釈が可能である．例えば，ある人物の画像があるとする．この画像に何らかの修正を加えることを考える．例えば，髭やメガネを加えるなどの修正を行った場合，確率分布の値が上昇するなら，そのような人物が実際に存在しうる可能性が高いということである．つまり，確率分布の勾配は，画像に特定の特徴を加えた際に，その画像が現実（訓練データ）に即しているか否かを示す指標となっている．

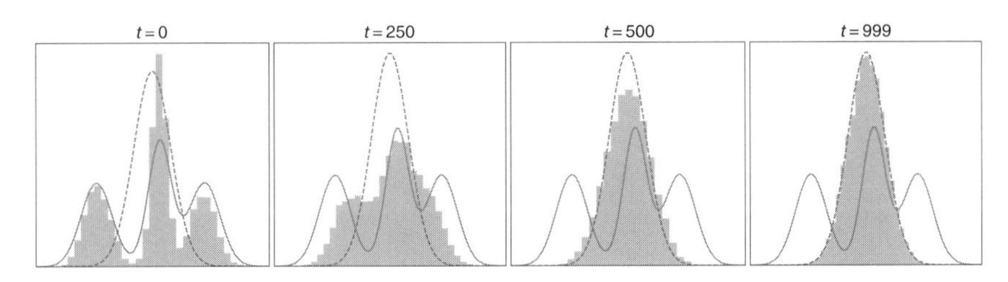

図 B2.2 拡散モデルの生成過程における各時刻のヒストグラム．右端の事前分布（破線）からスタートし，式 (B2.14) を時間逆向きに解いていくことで，各時刻のヒストグラムがデータ分布（実線）のものへと近づいていく．

生成過程の SDE (B2.13) はスコア $\nabla \log p_t(\boldsymbol{x}_t)$ に依存しており，前述したように $p_t(\boldsymbol{x})$ は未知なので，解くことができない．そこでニューラルネットワークによる関数 $\boldsymbol{s}_\theta(\boldsymbol{x}, t)$ を導入し，$\boldsymbol{s}_\theta(\boldsymbol{x}, t) \simeq \nabla \log p_t(\boldsymbol{x})$ となるようにパラメータ θ を調整するのが，拡散モデルにおける訓練である．画像の生成は，式 (B2.13) の $\nabla \log p_t(\boldsymbol{x}_t)$ を学習で得られた $\boldsymbol{s}_\theta(\boldsymbol{x}, t)$ により置き換えたSDE,

$$\mathrm{d}\boldsymbol{x}_t = [\boldsymbol{f}(\boldsymbol{x}_t, t) - g(t)^2 \boldsymbol{s}_\theta(\boldsymbol{x}_t, t)]\mathrm{d}t + \mathrm{d}\bar{\boldsymbol{w}}_t \tag{B2.14}$$

を $t = T$ から $t = 0$ に向かって解くことによって行う．

逆過程における初期時刻（$t = T$）におけるモデルの分布を $q_T(\boldsymbol{x}) = \pi(\boldsymbol{x})$ と選ぶ（選んだ $\boldsymbol{f}(\boldsymbol{x}, t)$ と $g(t)$ の下で長時間経過後に漸近する分布と同じものを選ぶ）．分布 $\pi(\boldsymbol{x})$ は事前分布と呼ばれ，通常ガウス分布が採用される．$q_T(\boldsymbol{x})$ からスタートして，訓練したスコア関数 $\boldsymbol{s}_\theta(\boldsymbol{x})$ を用いて時間を逆向きに発展させて得られる各時刻における分布を $\{q_t(\boldsymbol{x})\}_{t\in[0,T]}$ と書く．スコア関数が十分よい近似 $\boldsymbol{s}_\theta(\boldsymbol{x}, t) \simeq \nabla \log p_t(\boldsymbol{x})$ になっているならば，$q_0(\boldsymbol{x})$ が元のデータ分布 $p_0(\boldsymbol{x}) = p_{\mathrm{data}}(\boldsymbol{x})$ をよく近似していることが期待される．

トイモデルとして，1 次元のデータ分布に対してスコア関数 $\boldsymbol{s}_\theta(\boldsymbol{x}, t)$ の訓練を行い，それを用いて生成を行った例を図 B2.2 に示す．各プロットは，異なる時刻におけるヒストグラムを示している．$t = T$ の時点で事前分布からのサンプルを行い（右端の図），式 (B2.14) を時間逆向きに解くことで，個々の軌跡を生成する．これを繰り返すことで多数の軌跡ができる（図 B2.3 を参照）．図 B2.2 ではいくつかの時刻におけるヒストグラムを示している．$t = 0$ に近づくにつれて，ヒストグラムはデータ分布へと近づいていく．

B2.1.4 拡散モデルの訓練

拡散モデルの訓練について述べる．損失関数としては以下のようなものがよく用いられる．

$$\mathcal{L}(\theta) = \int_0^T \frac{g(t)^2}{2} \mathbb{E}_{p_t}\left[\|\boldsymbol{s}_\theta(\boldsymbol{x}_t, t) - \nabla \log p_t(\boldsymbol{x}_t)\|^2\right] \mathrm{d}t. \tag{B2.15}$$

この損失関数は，データ分布とモデルが生成する分布 q_0 の KL ダイバージェンスの上限を与える（導出は B2.3.2 項で行う）．

$$D_{\mathrm{KL}}(p_0 \| q_0) \leq \min_\theta \mathcal{L}(\theta). \tag{B2.16}$$

$\mathcal{L}(\theta)$ を小さくすることによって，モデルの作る分布がデータ分布と近くなるようにパラメータ θ を最適化するのが，拡散モデルにおける学習である．

損失関数 (B2.15) は $\nabla \log p_t(\boldsymbol{x}_t)$ に依存しているが，これは未知であるため，そのままでは計算することができない．式 (B2.15) の期待値の中の部分を展開すると，

$$\int_0^T \frac{g(t)^2}{2} \mathbb{E}_{p_t}\left[\|\boldsymbol{s}_\theta(\boldsymbol{x}_t, t)\|^2 - 2\boldsymbol{s}_\theta(\boldsymbol{x}_t, t) \cdot \nabla \log p_t(\boldsymbol{x}_t) + \|\nabla \log p_t(\boldsymbol{x}_t)\|^2\right] \mathrm{d}t. \tag{B2.17}$$

第 3 項はパラメータ θ に依存しないため，訓練の際には無視してよい．第 2 項の寄与を部分積分を用いて変形すると，

$$\begin{aligned}
(\text{第 2 項}) &= -\int_0^T g(t)^2 \int p_t(\boldsymbol{x}_t) \boldsymbol{s}_\theta(\boldsymbol{x}_t, t) \cdot \nabla \log p_t(\boldsymbol{x}_t) \mathrm{d}\boldsymbol{x}_t \mathrm{d}t \\
&= -\int_0^T g(t)^2 \int \boldsymbol{s}_\theta(\boldsymbol{x}_t, t) \cdot \nabla p_t(\boldsymbol{x}_t) \mathrm{d}\boldsymbol{x}_t \mathrm{d}t \\
&= \int_0^T g(t)^2 \int \nabla \cdot \boldsymbol{s}_\theta(\boldsymbol{x}_t, t) p_t(\boldsymbol{x}_t) \mathrm{d}\boldsymbol{x}_t \mathrm{d}t \\
&= \int_0^T g(t)^2 \mathbb{E}_{p_t}\left[\nabla \cdot \boldsymbol{s}_\theta(\boldsymbol{x}_t, t)\right] \mathrm{d}t.
\end{aligned} \tag{B2.18}$$

したがって，θ に依存しない部分を除いて，損失関数は以下のように書ける．

$$\mathcal{L}(\theta) = \int_0^T \frac{g(t)^2}{2} \mathbb{E}_{p_t}\left[\|\boldsymbol{s}_\theta(\boldsymbol{x}_t, t)\|^2 + 2\nabla \cdot \boldsymbol{s}_\theta(\boldsymbol{x}_t, t)\right] \mathrm{d}t. \tag{B2.19}$$

この形まで変形すると，平均 $\mathbb{E}_{p_t}[\cdot]$ をサンプル平均へと置き換えることによって評価できる．すなわち，訓練データ $\{\boldsymbol{x}^{(i)}\}_{i=1,\ldots,N_{\mathrm{data}}}$ が与えられたときに，それぞれの $\boldsymbol{x}^{(i)}$ を初期値として SDE (B2.1) による時間発展を行うことで，N_{data} 個の軌跡 $\{\{\boldsymbol{x}_t^{(i)}\}_{t\in[0,T]}\}_{i=1,\ldots,N_{\mathrm{data}}}$ が得られるが，これらを用いて以下のように損失関数を評価する．

$$\mathcal{L}(\theta) = \frac{1}{N_{\mathrm{data}}}\sum_{i=1}^{N_{\mathrm{data}}}\int_0^T \frac{g(t)^2}{2}\left[\|\boldsymbol{s}_\theta(\boldsymbol{x}_t^{(i)},t)\|^2 + 2\nabla\cdot\boldsymbol{s}_\theta(\boldsymbol{x}_t^{(i)},t)\right]\mathrm{d}t. \quad \text{(B2.20)}$$

B2.1.5 確率フロー ODE

B2.1.3 項では SDE による生成過程を議論した．実は，生成過程におけるノイズレベルは調節可能であることを以下ではみる．B2.1.3 項の議論と同様に，フォッカー・プランク方程式を以下のように変形する．

$$\begin{aligned}&\partial_t p_t(\boldsymbol{x})\\&= -\nabla\cdot\left[\boldsymbol{f}(\boldsymbol{x},t)p_t(\boldsymbol{x}) - \frac{g(t)^2}{2}\nabla p_t(\boldsymbol{x}) + \frac{\mathfrak{h}g(t)^2}{2}\nabla p_t(\boldsymbol{x}) - \frac{\mathfrak{h}g(t)^2}{2}\nabla p_t(\boldsymbol{x})\right]\\&= -\nabla\cdot\left[\left(\boldsymbol{f}(\boldsymbol{x},t) - \frac{1+\mathfrak{h}}{2}g(t)^2\nabla\log p_t(\boldsymbol{x})\right)p_t(\boldsymbol{x}) + \frac{\mathfrak{h}g(t)^2}{2}\nabla p_t(\boldsymbol{x})\right].\end{aligned} \quad \text{(B2.21)}$$

ここで $\mathfrak{h}\in\mathbb{R}_{\geq 0}$ は任意のパラメータである．先ほどと同様の変形だが，パラメータ $\mathfrak{h}$ が入っている点が異なる．ここで

$$\boldsymbol{F}_{\mathfrak{h}}(\boldsymbol{x},t) \coloneqq \boldsymbol{f}(\boldsymbol{x},t) - \frac{1+\mathfrak{h}}{2}g(t)^2\nabla\log p_t(\boldsymbol{x}) \quad \text{(B2.22)}$$

とおくと，式 (B2.21) の最後の表式に対応する SDE は以下で与えられることがわかる．

$$\mathrm{d}\boldsymbol{x}_t = \boldsymbol{F}_{\mathfrak{h}}(\boldsymbol{x}_t,t)\mathrm{d}t + \sqrt{\mathfrak{h}}g(t)\mathrm{d}\bar{\boldsymbol{w}}_t. \quad \text{(B2.23)}$$

式 (B2.23) で $\mathfrak{h}=1$ とおくと，式 (B2.13) が再現される．

どの $\mathfrak{h}$ の値であっても，フォッカー・プランク方程式としては等価であったことから，フォッカー・プランク方程式を解いて得られる確率分布 $p_t(\boldsymbol{x})$ は $\mathfrak{h}$

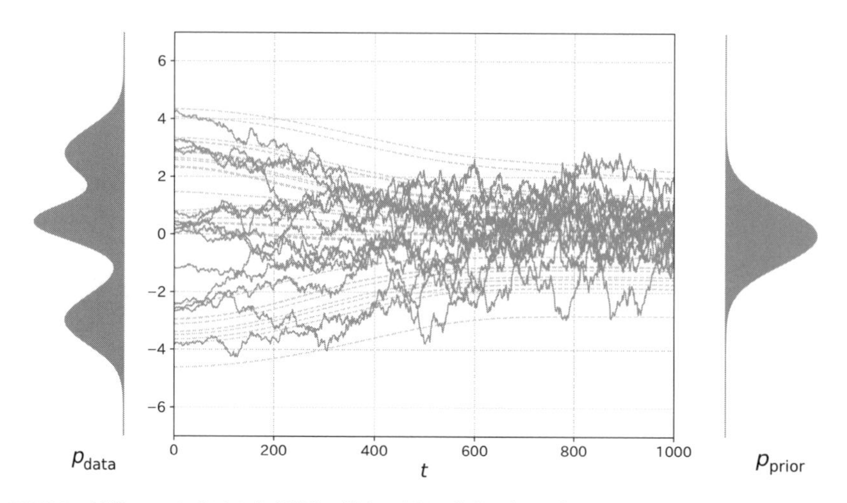

図 B2.3 拡散モデルにおける生成過程の軌跡．右側が事前分布で，左側がデータ分布．事前分布からサンプルし，訓練ずみの拡散モデルで逆再生した軌跡をプロットしている．実線は式 (B2.14) 確率的な生成（$\mathfrak{h}=1$）で，点線は確率フロー ODE(B2.24) による決定論的な生成（$\mathfrak{h}=0$）．

には依存しない*3)．したがって，式 (B2.23) で実現される確率分布も $\mathfrak{h}$ には依存しないことに注意しよう．特に，$\mathfrak{h}=0$ と選ぶと，揺らぎを完全になくしてしまうこともできる．

$$\mathrm{d}\boldsymbol{x}_t = \left[\boldsymbol{f}(\boldsymbol{x}_t, t) - \frac{1}{2}g(t)^2\nabla\log p_t(\boldsymbol{x}_t)\right]\mathrm{d}t =: \widetilde{\boldsymbol{f}}^{\mathrm{PF}}(\boldsymbol{x}_t, t)\mathrm{d}t. \tag{B2.24}$$

この場合，生成過程に用いるのは SDE ではなく，常微分方程式となる．確率フロー ODE と呼ばれる手法では，式 (B2.24) でスコアを $\boldsymbol{s}_\theta(\boldsymbol{x}, t)$ に置き換えた ODE を解くことによって画像生成を行う．

このように，生成過程におけるノイズレベルは調整可能である．図 B2.3 に，1 次元のトイモデルにおける生成経路の例を，$\mathfrak{h}=1$ と $\mathfrak{h}=0$ の両方の場合について示した．経験的には，確率フローによって決定論的に生成するのに比べて，SDE でノイズを入れて生成した方が，最終的にできる画像の質が高くなることが指摘されている[4]．

---

*3) 学習されたスコアを用いる場合は，$\boldsymbol{s}_\theta(\boldsymbol{x}, t)$ と $\nabla\log p_t(\boldsymbol{x})$ は厳密には一致しないため，モデルによって作られる分布は $\mathfrak{h}$ に依存する．

一方で，確率フロー ODE では，時間発展が決定論的になるために，データ分布の変数と事前分布の変数（潜在変数）の間に 1 対 1 対応を作ることができる．また対数尤度 $\log p_0(\boldsymbol{x}_0)$ を直接計算することができる．すなわち，$\boldsymbol{x}_0$ の実現確率（の対数）を知りたければ，$\boldsymbol{x}_0$ を初期条件として式 (B2.24) を $t=T$ まで解くことで解 $\{\boldsymbol{x}_t\}_{t\in[0,T]}$ を構成し，以下の「変数変換公式」により対数尤度を評価することができる．

$$\log p_0(\boldsymbol{x}_0) = \log p_T(\boldsymbol{x}_T) + \int_0^T \nabla\cdot\widetilde{\boldsymbol{f}}^{\mathrm{PF}}(\boldsymbol{x}_t,t)\mathrm{d}t. \tag{B2.25}$$

$\boldsymbol{x}_t$ が式 (B2.24) に従うときに，式 (B2.25) が成立することを以下に示しておく．確率分布 $p_t(\boldsymbol{x})$ に $\boldsymbol{x}=\boldsymbol{x}_t$ を代入した $p_t(\boldsymbol{x}_t)$ を考える．$p_t(\boldsymbol{x}_t)$ は，$\boldsymbol{x}_t$ を通じて陰に時間に依存し，また陽な時間依存性も持っていることに注意すると，$\log p_t(\boldsymbol{x}_t)$ の時間に関する全微分は以下のように書ける．

$$\frac{\mathrm{d}}{\mathrm{d}t}\log p_t(\boldsymbol{x}_t) = \partial_t \log p_t(\boldsymbol{x}_t) + \dot{\boldsymbol{x}}_t\cdot\nabla\log p_t(\boldsymbol{x}_t). \tag{B2.26}$$

今の場合，時間発展そのものは決定論的であり，確率の連続の式は以下のように書ける（フォッカー・プランク方程式 (B2.3) から第 2 項を除いたもの）．

$$\partial_t p_t(\boldsymbol{x}) = -\nabla\cdot\left(\widetilde{\boldsymbol{f}}^{\mathrm{PF}}(\boldsymbol{x},t)p_t(\boldsymbol{x})\right). \tag{B2.27}$$

この式の両辺を $p_t(\boldsymbol{x})$ で割ることにより，

$$\partial_t \log p_t(\boldsymbol{x}) = -\nabla\cdot\widetilde{\boldsymbol{f}}^{\mathrm{PF}}(\boldsymbol{x},t) - \widetilde{\boldsymbol{f}}^{\mathrm{PF}}(\boldsymbol{x},t)\cdot\nabla\log p_t(\boldsymbol{x}). \tag{B2.28}$$

式 (B2.26) に式 (B2.28) と式 (B2.24) を代入することで，以下の関係式を得る．

$$\frac{\mathrm{d}}{\mathrm{d}t}\log p_t(\boldsymbol{x}_t) = -\nabla\cdot\widetilde{\boldsymbol{f}}^{\mathrm{PF}}(\boldsymbol{x},t). \tag{B2.29}$$

この式の両辺を $t=0$ から $t=T$ まで積分することにより，変数変換公式 (B2.25) が得られる．

B2.2　経路積分量子化

経路積分は，ファインマンによって導入された量子力学および場の量子論を定式化する方法の1つであり，高エネルギー物理，物性物理，量子統計力学，など，物理学の多岐にわたる分野で重要な役割を果たしている．さらには，確率過程の記述を通じて，数理ファイナンスでも用いられている．この節では，経路積分量子化について簡単に解説しよう．

量子論を議論する前に，古典力学における最小作用の原理について思い出そう．時刻 $t=0$ で $\boldsymbol{x}_{\rm init}$ を出発した粒子が，$t=T$ で $\boldsymbol{x}_{\rm fin}$ へと到着したとする．最小作用の原理は，途中の各時刻 $t\in(0,T)$ における粒子の座標 $\boldsymbol{x}_t$ を，変分原理の形で決定する．すなわち，古典力学では，以下で与えられる「作用」と呼ばれる量 $\mathcal{A}$ が最小になるような経路を粒子は選択するとされる．

$$\mathcal{A}[\boldsymbol{x}_t]=\int_0^T \mathrm{d}t\, L(\boldsymbol{x}_t,\dot{\boldsymbol{x}}_t). \tag{B2.30}$$

ここで，$L(\boldsymbol{x},\dot{\boldsymbol{x}},t)$ はラグランジアンであり，一般には位置 $\boldsymbol{x}$，速度 $\dot{\boldsymbol{x}}$，そして時間 t の関数である．ラグランジアンは運動エネルギーとポテンシャルエネルギーの差で与えられ，点粒子の場合は，

$$L(\boldsymbol{x}_t,\dot{\boldsymbol{x}}_t)=\frac{1}{2}m\|\dot{\boldsymbol{x}}_t\|^2-V(\boldsymbol{x}_t) \tag{B2.31}$$

となる．最小作用の原理は，この作用 $\mathcal{A}$ が停留値を取る経路が物理的な運動の経路であるとする原理である．すなわち，この原理に従えば，経路の無限小の変形 $\boldsymbol{x}_t\mapsto\boldsymbol{x}_t+\delta\boldsymbol{x}_t$ の下での作用の変化，$\delta\mathcal{A}[\boldsymbol{x}_t]=\mathcal{A}[\boldsymbol{x}_t+\delta\boldsymbol{x}_t]-\mathcal{A}[\boldsymbol{x}_t]$ が 0 となるような経路が物理的に実現される．またこの変分が 0 となる条件から，古典論における運動方程式であるオイラー・ラグランジュ式が導かれる．

それでは，量子論の経路積分による定式化をみてみよう．量子力学における基礎方程式は，以下のシュレディンガー方程式である．

$$i\hbar\frac{\partial}{\partial t}\psi(t,\boldsymbol{x})=\hat{H}\psi(t,\boldsymbol{x}). \tag{B2.32}$$

ここで $\hat{H}$ は量子力学におけるハミルトニアンであり，点粒子の場合は，

$$\hat{H}=-\frac{\hbar^2}{2m}\nabla^2+V(\boldsymbol{x}) \tag{B2.33}$$

と与えられる．式 (B2.32) の解を

$$\psi(t,\boldsymbol{x}) = \int G(t,\boldsymbol{x}|0,\boldsymbol{x}')\psi(0,\boldsymbol{x}')\mathrm{d}\boldsymbol{x}' \tag{B2.34}$$

と表したときに，$G(t,\boldsymbol{x}|0,\boldsymbol{x}')$ を伝播関数（あるいはグリーン関数（Green's function））という．この伝播関数は，以下のように表すことができる．

$$G(t,\boldsymbol{x}|0,\boldsymbol{x}') = \int_{(0,\boldsymbol{x}')}^{(t,\boldsymbol{x})} [D\boldsymbol{x}_t] \exp\left(\frac{i}{\hbar}\mathcal{A}[\boldsymbol{x}_t]\right). \tag{B2.35}$$

式 (B2.35) の右辺は，ファインマンの経路積分（Feynman's path integral）と呼ばれる．記号 $\int_{(0,\boldsymbol{x}')}^{(t,\boldsymbol{x})}[D\boldsymbol{x}_t]$ は，積分の中身 $e^{i\mathcal{A}/\hbar}$ の値を，$(0,\boldsymbol{x}')$ と $(t,\boldsymbol{x})$ を結ぶすべての経路にわたって，均等な重みで足し上げることを意味する．このように，様々な経路を考えて，経路ごとに値が定まる関数についての足し上げを行う操作は，経路の空間における関数の積分と理解できるので，「経路積分」と呼ばれる．

古典力学は，量子力学における $\hbar \to 0$ の極限，つまり量子効果が無視できる極限として理解することができる．$\hbar$ が非常に小さいときには，ある経路 $\boldsymbol{x}_t$ が，$\boldsymbol{x}_t \mapsto \boldsymbol{x}_t + \delta\boldsymbol{x}_t$ と少しだけずれたときに，偏角 $\mathcal{A}[\boldsymbol{x}_t]/\hbar$ の値は大きく変わってしまう．これにより，ある経路とそこから少しずれた経路の間では位相が激しく振動し，合計の寄与としてはほぼ 0 となる．したがって，$\hbar \to 0$ の極限では作用 $\mathcal{A}$ が最小となる経路のみが主要な寄与をし，他の経路の寄与は相対的に無視できるため，古典力学における軌道が実現すると解釈することができる．このように，古典力学における最小作用の原理を，量子力学の経路積分表示から導くことができる．

さらに，$\hbar \to 0$ の極限に加えて，$\hbar$ についての級数展開を考えることができる（**ヴェンツェル・クラマース・ブリルアン** (Wentzel–Kramers–Brillouin, WKB) **近似**）．変数 $\boldsymbol{x}_t$ を古典経路とそこからの補正へと，$\boldsymbol{x}_t = \boldsymbol{x}_t^{\mathrm{cl}} + \delta\boldsymbol{x}_t$ のように分解する．ここで $\boldsymbol{x}_t^{\mathrm{cl}}$ は最小作用の原理から導かれる運動方程式を満たす古典解である．作用 $\mathcal{A}$ を $\boldsymbol{x}_t^{\mathrm{cl}}$ のまわりで展開すると，$e^{i\mathcal{A}/\hbar}$ の部分は

$$\begin{aligned}\mathcal{A}[\boldsymbol{x}_t] =& \mathcal{A}[\boldsymbol{x}_t^{\mathrm{cl}}] + \int \left.\frac{\delta\mathcal{A}[\boldsymbol{x}_t]}{\delta\boldsymbol{x}_t}\right|_{\boldsymbol{x}_t=\boldsymbol{x}_t^{\mathrm{cl}}} \cdot \delta\boldsymbol{x}_t\mathrm{d}t \\ &+ \frac{1}{2}\int\sum_{i,j} \left.\frac{\delta^2\mathcal{A}[\boldsymbol{x}_t]}{(\delta\boldsymbol{x}_t)_i(\delta\boldsymbol{x}_t)_j}\right|_{\boldsymbol{x}_t=\boldsymbol{x}_t^{\mathrm{cl}}} (\delta\boldsymbol{x}_t)_i(\delta\boldsymbol{x}'_t)_j\mathrm{d}t\mathrm{d}t' + \cdots.\end{aligned} \tag{B2.36}$$

ここで，$(\delta \boldsymbol{x}_t)_i$ は $\delta \boldsymbol{x}_t$ の i 番目の要素を表す．右辺第 2 項は $\boldsymbol{x}_t^{\mathrm{cl}}$ が運動方程式の解であることから消える．$\delta \boldsymbol{x}_t$ について 2 次までの寄与まで考えることにすると，$\delta \boldsymbol{x}_t$ についての経路積分はガウス積分なので実行することができ，式 (B2.35) は以下のように計算できる．

$$e^{\frac{i}{\hbar}\mathcal{A}[\boldsymbol{x}_t^{\mathrm{cl}}]} \det\left(\left. \frac{\delta^2 \mathcal{A}[\boldsymbol{x}_t]}{(\delta \boldsymbol{x}_t)_i (\delta \boldsymbol{x}_t)_j} \right|_{\boldsymbol{x}_t = \boldsymbol{x}_t^{\mathrm{cl}}} \right)^{-\frac{1}{2}}. \tag{B2.37}$$

上記では，点粒子の場合を議論したが，経路積分量子化はゲージ理論などの場の量子論についても行うことができる．さらに $t \to -i\tau$ とすると（ユークリッド化），$\int [D\boldsymbol{x}_t] e^{i\mathcal{A}/\hbar}$ という和が，H をハミルトニアンとして $\int [D\boldsymbol{x}_t] e^{-H/\hbar}$ という和に変換され，このことを使うと統計力学における分配関数を経路積分で表現できる．

B2.3 拡散モデルの経路積分による定式化

さて，ここでは拡散モデルが経路積分でどのように定式化されるかを紹介する[9]．式 (B2.1) によって定まる拡散モデルの順過程を考えよう．この過程はランジュバン方程式で記述される確率過程であるが，このような系は経路積分によって記述できることが知られている．$\boldsymbol{x}_t$ の関数として書ける量 $\mathcal{O}(\{\boldsymbol{x}_t\})$ の期待値は，経路積分表示を用いて，次のように書くことができる．

$$\mathbb{E}[\mathcal{O}(\{\boldsymbol{x}_t\})] = \int [D\boldsymbol{x}_t][D\boldsymbol{\xi}_t]\, \mathcal{O}(\{\boldsymbol{x}_t\}) e^{-\int_0^T \frac{\|\boldsymbol{\xi}_t\|^2}{2g(t)^2} \mathrm{d}t} p_0(\boldsymbol{x}_0) \prod_t \delta(\boldsymbol{x}_t - \boldsymbol{x}_t^{\mathrm{sol}}). \tag{B2.38}$$

ここで，$p_0(\boldsymbol{x}_0)$ は初期値の確率分布，$\delta(\cdot)$ はディラックのデルタ関数（Dirac's delta），$\boldsymbol{x}_t^{\mathrm{sol}}$ はあるノイズ実現 $\{\boldsymbol{\xi}_t\}_{t\in[0,T]}$ の下での「運動方程式」(B2.7) の解である．重みが $e^{-\int_0^T \frac{\|\boldsymbol{\xi}_t\|^2}{2g(t)^2}\mathrm{d}t}$ で与えられるのは，ノイズがガウス分布に従うことに対応している．また，経路積分中にあるデルタ関数は，$\boldsymbol{x}_t$ が式 (B2.7) を満たすという条件を課している．この経路積分表示をさらに扱いやすい形へと変形していく．デルタ関数の変数変換の公式を用いて，

$$\delta(\boldsymbol{x}_t - \boldsymbol{x}_t^{\mathrm{sol}}) = \left| \det \frac{\delta \mathrm{EOM}_t}{\delta \boldsymbol{x}_{t'}} \right| \delta(\mathrm{EOM}_t). \tag{B2.39}$$

ここで，$\mathrm{EOM}_t \coloneqq \dot{\boldsymbol{x}}_t - \boldsymbol{f}(\boldsymbol{x}_t, t) - \boldsymbol{\xi}_t$ とおいた．式 (B2.39) の行列式の部分からの寄与を，J という記号を導入して以下のように書いておく．

$$\prod_t \left| \det \frac{\delta \mathrm{EOM}_t}{\delta \boldsymbol{x}_{t'}} \right| = e^{-J}. \tag{B2.40}$$

さらに，自由度 $\boldsymbol{\xi}_t$ についての積分を実行する．デルタ関数を用いると $\boldsymbol{\xi}_t = \dot{\boldsymbol{x}}_t - \boldsymbol{f}_t$ と表すことができるので，式 (B2.38) は以下のように書くことができる．

$$\mathbb{E}_P[\mathcal{O}(\{\boldsymbol{x}_t\})] = \int [D\boldsymbol{x}_t]\, \mathcal{O}(\{\boldsymbol{x}_t\})\, e^{-\mathcal{A}} p_0(\boldsymbol{x}_0). \tag{B2.41}$$

ここで作用 $\mathcal{A}$ を

$$\mathcal{A} \coloneqq \int_0^T L(\dot{\boldsymbol{x}}_t, \boldsymbol{x}_t) \mathrm{d}t + J \tag{B2.42}$$

と定義し，関数 $L(\dot{\boldsymbol{x}}_t, \boldsymbol{x}_t)$ は以下で定義される．

$$L(\dot{\boldsymbol{x}}_t, \boldsymbol{x}_t) \coloneqq \frac{1}{2g(t)^2} \|\dot{\boldsymbol{x}}_t - \boldsymbol{f}(\boldsymbol{x}_t, t)\|^2. \tag{B2.43}$$

関数 $L(\dot{\boldsymbol{x}}_t, \boldsymbol{x}_t)$ はオンザーガー・マハループ関数（Onsager–Machlup function）[8)]と呼ばれている．作用 (B2.38) の第 1 項は，展開したときに出てくる以下の部分，

$$-\int \frac{1}{g(t)^2} \boldsymbol{f}(\boldsymbol{x}_t, t) \cdot \mathrm{d}\boldsymbol{x}_t \tag{B2.44}$$

が実は離散化スキームに依存している．$\boldsymbol{f}_t = \boldsymbol{f}(\boldsymbol{x}_t, t)$ と略記したときに，伊藤型・ストラトノビッチ型（Stratonovich type）の積がそれぞれ以下のように定義される．

$$\boldsymbol{f}_t \cdot \mathrm{d}\boldsymbol{x}_t|_{\text{Itô}} \coloneqq \boldsymbol{f}_t \cdot (\boldsymbol{x}_{t+\mathrm{d}t} - \boldsymbol{x}_t), \tag{B2.45}$$

$$\boldsymbol{f}_t \cdot \mathrm{d}\boldsymbol{x}_t|_{\text{Stratonovich}} \coloneqq \frac{\boldsymbol{f}_t + \boldsymbol{f}_{t+\mathrm{d}t}}{2} \cdot (\boldsymbol{x}_{t+\mathrm{d}t} - \boldsymbol{x}_t). \tag{B2.46}$$

すなわち，$\mathrm{d}\boldsymbol{x}_t$ に掛ける $\boldsymbol{f}$ としてどの時刻のものを採用するのが異なっており，伊藤型の場合は時刻 t での $\boldsymbol{f}$ の値，ストラトノビッチ型の場合は t と $t+\mathrm{d}t$ における $\boldsymbol{f}$ の値の平均を用いる．J はヤコビアンからの寄与であり，離散化スキームによって以下のように与えられる．

$$J = \begin{cases} 0 & \text{(伊藤)} \\ \int_0^T \frac{1}{2}\nabla\cdot\boldsymbol{f}_t(\boldsymbol{x}_t,t)\mathrm{d}t & \text{(ストラトノビッチ)} \end{cases}. \tag{B2.47}$$

作用 (B2.42) のそれぞれの項は離散化スキームに依存しているが，作用全体としては依存しないことを注意として述べておく．

B2.3.1 逆過程の導出

経路積分表示を用いて，拡散モデルの様々な面を議論することができる．例えば，逆過程の導出を経路積分を用いて行うことができる．式 (B2.41) の以下の部分を，次のように変形する．

$$\begin{aligned}[D\boldsymbol{x}_t]e^{-\mathcal{A}}p_0(\boldsymbol{x}_0) &= [D\boldsymbol{x}_t]e^{-\mathcal{A}+\log p_0(\boldsymbol{x}_0)-\log p_T(\boldsymbol{x}_T)}p_T(\boldsymbol{x}_T) \\ &=: [D\boldsymbol{x}_t]e^{-\widetilde{\mathcal{A}}}p_T(\boldsymbol{x}_T).\end{aligned} \tag{B2.48}$$

ここで $\widetilde{\mathcal{A}} := \mathcal{A} + \log p_T(\boldsymbol{x}_T) - \log p_0(\boldsymbol{x}_0)$ とおいた．さらに

$$\log p_T(\boldsymbol{x}_T) - \log p_0(\boldsymbol{x}_0) = \int_0^T \frac{\mathrm{d}}{\mathrm{d}t}p_t(\boldsymbol{x}_t)\mathrm{d}t \tag{B2.49}$$

として，確率分布の時間による全微分の部分を，フォッカー・プランク方程式および伊藤の公式を用いて書き換えていくと，作用 $\widetilde{\mathcal{A}}$ は以下の形に書けることがわかる．

$$\widetilde{\mathcal{A}} = \int_0^T \left[\frac{1}{2g(t)^2}\|\dot{\boldsymbol{x}}_t - \widetilde{\boldsymbol{f}}(\boldsymbol{x}_t,t)\|^2 - \nabla\cdot\widetilde{\boldsymbol{f}}(\boldsymbol{x}_t,t)\right]\mathrm{d}t. \tag{B2.50}$$

ここで

$$\widetilde{\boldsymbol{f}}(\boldsymbol{x}_t,t) := \boldsymbol{f}(\boldsymbol{x}_t,t) - g(t)^2\nabla\ln p_t(\boldsymbol{x}_t) \tag{B2.51}$$

と定義した．

式 (B2.50) の第 2 項のヤコビアンにあたる寄与を第 1 項に組み入れると，$\widetilde{\boldsymbol{f}}\cdot\mathrm{d}\boldsymbol{x}_t$ の部分が次のような積になっていることがわかる．

$$\widetilde{\boldsymbol{f}}_t\cdot\mathrm{d}\boldsymbol{x}_t|_{\text{Reverse-Itô}} = \widetilde{\boldsymbol{f}}_{t+\mathrm{d}t}\cdot(\boldsymbol{x}_{t+\mathrm{d}t} - \boldsymbol{x}_t). \tag{B2.52}$$

これは時間を逆向きに再生した場合に伊藤型になっていることから，リバース

伊藤型と呼んでいる．このことは，作用 $\widetilde{\mathcal{A}}$ が逆再生過程を記述するものであることを示唆している．

B2.3.2　拡散モデル学習の損失関数の導出

ここでは，拡散モデルの学習時に用いられる損失関数 (B2.15) を経路積分を用いて導出しよう．モデルによってデータ分布をできるだけよく近似したいので，データ分布とモデルが作る分布の KL ダイバージェンス，

$$D_{\mathrm{KL}}(p_0\|q_0) \tag{B2.53}$$

を最小化することを考える．順過程における経路の実現確率を $P(\{\boldsymbol{x}_t\}_{t\in[0,T]})$，モデルの作る経路の実現確率を $Q_\theta(\{\boldsymbol{x}_t\}_{t\in[0,T]})$（パラメータ θ に依存していることに注意）と書く．まず，データ処理不等式により以下の不等式が成り立つ．

$$D_{\mathrm{KL}}(p_0\|q_0) \leq D_{\mathrm{KL}}(P\|Q_\theta). \tag{B2.54}$$

以下では，式 (B2.54) の右辺をさらに評価し，次のように書けることを示す．

$$D_{\mathrm{KL}}(P\|Q_\theta) = D_{\mathrm{KL}}(p_T\|\pi) + \int_0^T \frac{g(t)^2}{2}\mathbb{E}_{p_t}\|\nabla \log p_t(\boldsymbol{x}_t) - \boldsymbol{s}_\theta(\boldsymbol{x}_t, t)\|^2 \mathrm{d}t. \tag{B2.55}$$

p_T は事前分布 π に近づくように $\boldsymbol{f}(\boldsymbol{x}_t, t), g(t)$ を選んでいるので，第 1 項はほぼゼロにできる．$D_{\mathrm{KL}}(p_T\|\pi) \simeq 0$. 式 (B2.55) の右辺第 2 項が損失関数 (B2.15) であり，この項を小さくすることによって，式 (B2.54) を通じて $D_{\mathrm{KL}}(p_0\|q_0)$ を小さくし，モデルの作る分布とデータ分布を近づけるのが，拡散モデルにおける学習である．まず，経路の実現確率はそれぞれ以下のように書けることに注意しよう．

$$P(\{\boldsymbol{x}_t\}_{t\in[0,T]}) = e^{-\mathcal{A}}p_0(\boldsymbol{x}_0) = p_T(\boldsymbol{x}_T)e^{-\widetilde{\mathcal{A}}}, \tag{B2.56}$$

$$Q_\theta(\{\boldsymbol{x}_t\}_{t\in[0,T]}) = e^{-\mathcal{A}_\theta}q_0(\boldsymbol{x}_0) = q_T(\boldsymbol{x}_T)e^{-\widetilde{\mathcal{A}}_\theta}. \tag{B2.57}$$

データにノイズを加えていく順過程を逆再生したときの作用は，

$$\widetilde{\mathcal{A}} \coloneqq \int_0^T \widetilde{L}(\dot{\boldsymbol{x}}_t, \boldsymbol{x}_t)\mathrm{d}t = \int_0^T \left[\frac{1}{2g(t)^2}\|\dot{\boldsymbol{x}}_t - \widetilde{\boldsymbol{f}}(\boldsymbol{x}_t, t)\|^2\right]\mathrm{d}t, \tag{B2.58}$$

また生成過程を表すモデルの作用は，

$$\widetilde{\mathcal{A}}_\theta := \int_0^T \widetilde{L}_\theta(\dot{\boldsymbol{x}}_t, \boldsymbol{x}_t)\mathrm{d}t = \int_0^T \left[\frac{1}{2g(t)^2}\|\dot{\boldsymbol{x}}_t - \widetilde{\boldsymbol{f}}_\theta(\boldsymbol{x}_t, t)\|^2\right]\mathrm{d}t. \qquad \text{(B2.59)}$$

ここで，$\widetilde{\boldsymbol{f}}(\boldsymbol{x}, t)$ は以下のように定義した．

$$\widetilde{\boldsymbol{f}}_\theta(\boldsymbol{x}, t) := \boldsymbol{f}(\boldsymbol{x}, t) - g(t)^2\boldsymbol{s}_\theta(\boldsymbol{x}, t). \qquad \text{(B2.60)}$$

経路の実現確率 P, Q_θ の KL ダイバージェンスは，式 (B2.56) および式 (B2.57) を用いると，

$$\begin{aligned} D_{\mathrm{KL}}\left(P\|Q_\theta\right) &= \mathbb{E}_P\left[\ln\frac{P(\{\boldsymbol{x}_t\}_{t\in[0,T]})}{Q_\theta(\{\boldsymbol{x}_t\}_{t\in[0,T]})}\right] \\ &= D_{\mathrm{KL}}\left(p_T\|q_T\right) + \mathbb{E}_P\left[\widetilde{\mathcal{A}}_\theta - \widetilde{\mathcal{A}}\right]. \end{aligned} \qquad \text{(B2.61)}$$

したがって，モデルの生成過程の作用 $\widetilde{A}_\theta$ と，逆過程の作用 $\widetilde{A}$ の差の P の下での期待値を計算すればよいことがわかる．式 (B2.61) の右辺第 2 項を展開すると，

$$\begin{aligned} &\mathbb{E}_P\left[\widetilde{\mathcal{A}}_\theta - \widetilde{\mathcal{A}}\right] \\ &= \mathbb{E}_P\int_0^T \frac{1}{2g(t)^2}\left[-2(\widetilde{\boldsymbol{f}}_{\theta,t+\mathrm{d}t} - \widetilde{\boldsymbol{f}}_{t+\mathrm{d}t})\cdot\mathrm{d}\boldsymbol{x}_t + (\|\widetilde{\boldsymbol{f}}_{\theta,t}\|^2 - \|\widetilde{\boldsymbol{f}}_t\|^2)\mathrm{d}t\right]. \end{aligned} \qquad \text{(B2.62)}$$

この式の第 1 項は以下のように変形できる．

$$\begin{aligned} &\mathbb{E}_P[(\widetilde{\boldsymbol{f}}_{\theta,t+\mathrm{d}t} - \widetilde{\boldsymbol{f}}_{t+\mathrm{d}t})\cdot(\boldsymbol{x}_{t+\mathrm{d}t} - \boldsymbol{x}_t)] \\ &= \int p_t(\boldsymbol{x}_{t+\mathrm{d}t})p_t(\boldsymbol{x}_t|\boldsymbol{x}_{t+\mathrm{d}t})[(\widetilde{\boldsymbol{f}}_{\theta,t+\mathrm{d}t} - \widetilde{\boldsymbol{f}}_{t+\mathrm{d}t})\cdot(\boldsymbol{x}_{t+\mathrm{d}t} - \boldsymbol{x}_t)]\mathrm{d}\boldsymbol{x}_{t+\mathrm{d}t}\mathrm{d}\boldsymbol{x}_t \\ &= \int p_t(\boldsymbol{x}_{t+\mathrm{d}t})(\widetilde{\boldsymbol{f}}_{\theta,t+\mathrm{d}t} - \widetilde{\boldsymbol{f}}_{t+\mathrm{d}t})\cdot\left(\int p_t(\boldsymbol{x}_t|\boldsymbol{x}_{t+\mathrm{d}t})(\boldsymbol{x}_{t+\mathrm{d}t} - \boldsymbol{x}_t)\mathrm{d}\boldsymbol{x}_t\right)\mathrm{d}\boldsymbol{x}_{t+\mathrm{d}t} \\ &= \int p_t(\boldsymbol{x}_{t+\mathrm{d}t})(\widetilde{\boldsymbol{f}}_{\theta,t+\mathrm{d}t} - \widetilde{\boldsymbol{f}}_{t+\mathrm{d}t})\cdot\widetilde{\boldsymbol{f}}_t\,\mathrm{d}t\,\mathrm{d}\boldsymbol{x}_{t+\mathrm{d}t} \\ &= \int p_t(\boldsymbol{x}_t)(\widetilde{\boldsymbol{f}}_{\theta,t} - \widetilde{\boldsymbol{f}}_t)\cdot\widetilde{\boldsymbol{f}}_t\,\mathrm{d}t\,\mathrm{d}\boldsymbol{x}_t + O(\mathrm{d}t^2) \\ &= \mathbb{E}_{p_t}\left[(\widetilde{\boldsymbol{f}}_{\theta,t} - \widetilde{\boldsymbol{f}}_t)\cdot\widetilde{\boldsymbol{f}}_t\,\mathrm{d}t\right]. \end{aligned} \qquad \text{(B2.63)}$$

1 行目から 2 行目の変形では，同時確率分布の分解 $p_{t,t+\mathrm{d}t}(\boldsymbol{x}_{t+\mathrm{d}t}, \boldsymbol{x}_t) = p_t(\boldsymbol{x}_{t+\mathrm{d}t})p_t(\boldsymbol{x}_t|\boldsymbol{x}_{t+\mathrm{d}t})$, 3 行目から 4 行目では $\int p_t(\boldsymbol{x}_t|\boldsymbol{x}_{t+\mathrm{d}t})(\boldsymbol{x}_{t+\mathrm{d}t}-\boldsymbol{x}_t)\mathrm{d}\boldsymbol{x}_t = \widetilde{\boldsymbol{f}}_t \mathrm{d}t$ と書けることを用いた．したがって，残りの項も合わせて，作用の差の期待値は以下のように書くことができる．

$$
\begin{aligned}
\mathbb{E}_P\left[\widetilde{\mathcal{A}}_\theta - \widetilde{\mathcal{A}}\right] &= \mathbb{E}_P\left[\int_0^T \frac{1}{2g(t)^2}\|\widetilde{\boldsymbol{f}}_\theta(\boldsymbol{x}_t,t) - \widetilde{\boldsymbol{f}}(\boldsymbol{x}_t,t)\|^2 \mathrm{d}t\right] \\
&= \mathbb{E}_P\left[\int_0^T \frac{g(t)^2}{2}\|\nabla \ln p_t(\boldsymbol{x}_t) - \boldsymbol{s}_\theta(\boldsymbol{x}_t,t)\|^2 \mathrm{d}t\right].
\end{aligned}
\tag{B2.64}
$$

以上から結局，$D_{\mathrm{KL}}(p_0\|q_0)$ が以下のように上から抑えられることがわかる．

$$
D_{\mathrm{KL}}(p_0\|q_0) \leq D_{\mathrm{KL}}\left(p_T\|q_T\right) + \int_0^T \frac{g(t)^2}{2}\mathbb{E}_{p_t}\left[\|\nabla \ln p_t(\boldsymbol{x}_t) - \boldsymbol{s}_\theta(\boldsymbol{x}_t,t)\|^2\right] \mathrm{d}t.
\tag{B2.65}
$$

B2.3.3 確率フローと古典極限

拡散モデルの生成過程では，ノイズを入れつつ確率的に生成するか，あるいはノイズなしの確率フロー ODE を用いるかを選ぶことができた．またこの 2 つの生成過程を連続的にパラメータ $\mathfrak{h}$ によりつなぐことができた．経路積分表示を用いてこの事情をみてみよう．ノイズレベル $\mathfrak{h}$ における，モデルによる生成過程での $\mathcal{O}(\{\boldsymbol{x}_t\})$ の期待値は以下のように書くことができる．

$$
\mathbb{E}[\mathcal{O}(\{\boldsymbol{x}_t\})] = \int [D\boldsymbol{x}_t]\, \mathcal{O}(\{\boldsymbol{x}_t\})\, e^{-\widetilde{\mathcal{A}}_\theta^{\mathfrak{h}}/\mathfrak{h}} q_T(\boldsymbol{x}_T).
\tag{B2.66}
$$

ここで $\widetilde{\mathcal{A}}_\theta^{\mathfrak{h}} := \int_0^T \widetilde{L}_\theta^{\mathfrak{h}}(\dot{\boldsymbol{x}}_t, \boldsymbol{x}_t)\mathrm{d}t$ とし，$\widetilde{L}_\theta^{\mathfrak{h}}(\dot{\boldsymbol{x}}_t, \boldsymbol{x}_t)$ は以下で定義した．

$$
\widetilde{L}_\theta^{\mathfrak{h}}(\dot{\boldsymbol{x}}_t, \boldsymbol{x}_t) := \frac{\|\dot{\boldsymbol{x}}_t - \boldsymbol{f}(\boldsymbol{x}_t,t) + \frac{1+\mathfrak{h}}{2}g(t)^2\boldsymbol{s}_\theta(\boldsymbol{x}_t,t)\|^2}{2g(t)^2}.
\tag{B2.67}
$$

量子力学の経路積分が以下のように書けることを思い出そう．

$$
\int [D\boldsymbol{x}_t] e^{i\mathcal{A}/\hbar} \cdots .
\tag{B2.68}
$$

式 (B2.66) と式 (B2.68) を比べてみると，構造が類似しているのに気がつくだろう．つまり，拡散モデルにおいて，生成過程のノイズレベルを特徴付けるパラメータ $\mathfrak{h}$ は，量子系の経路積分におけるプランク定数（Planck constant）$\hbar$ の役割を果たしている．

$\mathfrak{h} \to 0$ の極限を考えてみよう．この極限で，経路の実現確率は以下のようになる．

$$P(\{\boldsymbol{x}_t\}_{t\in[0,T]}) = [D\boldsymbol{x}_t]e^{-\widetilde{\mathcal{A}}_\theta^{\mathfrak{h}}/\mathfrak{h}} q_T(\boldsymbol{x}_T) \xrightarrow[\mathfrak{h}\to 0]{} [D\boldsymbol{x}_t]\delta(\boldsymbol{x}_t - \boldsymbol{x}_t^{\mathrm{PF}})q_T(\boldsymbol{x}_T). \tag{B2.69}$$

ここで $\boldsymbol{x}_t^{\mathrm{PF}}$ は以下の確率フロー ODE の解である．

$$\dot{\boldsymbol{x}}_t = \widetilde{\boldsymbol{f}}^{\mathrm{PF}}(\boldsymbol{x}_t, t). \tag{B2.70}$$

したがって，$\mathfrak{h} \to 0$ の極限で確率フロー ODE で決まる決定論的な経路が選ばれることになる．この事情は，量子力学の経路積分表示において $\hbar \to 0$ としたときに古典論が得られるのと類似している．

具体的なトイモデルでの計算例を図 B2.3 に示した．ここでは左端に書かれた 1 次元のデータ分布からサンプルされたデータを訓練データとして用いて拡散モデルの学習を行い，学習ずみのスコア関数を用いて，右端の事前分布からサンプルされた点からのデータ生成を行っている．図 B2.3 に，$\mathfrak{h} = 1$ の場合の経路を実線で，$\mathfrak{h} = 0$ の場合の経路を点線で示している．生成時の $\mathfrak{h}$ の値を小さくしていくと，経路の揺らぎは小さくなり，決定論的な経路へと近づいていくことが確認できる．

$\mathfrak{h} \to 0$ の極限に加えて，B2.2 節で議論したように $\mathfrak{h}$ による級数展開も考えることができる．すなわち，WKB 近似の類似物を考えることができる．これを用いると，$\mathfrak{h} \neq 0$ の場合でも，確率フロー ODE を用いたときのようにモデルの対数尤度を摂動的に評価することができる[9)]．

●終わりに

本項では，深層ニューラルネットワークを使用してデータの生成プロセスをモデル化する方法の 1 つである拡散モデルと，物理学の接点を議論した．拡散モデルの核心的な部分では，物理学で広く知られているランジュバン方程式が使われており，また経路積分表示を用いることにより，拡散モデルにおける逆過程や学習の目的関数が導出できることをみた．さらに量子力学におけるWKB近似とのアナロジーに基づいて，対数尤度を「プランク定数」に対応するパラメータについて摂動的に計算することも可能になる．これらの議論から，拡散モデルが物理学と深い関係を持っていることが理解されるだろう．さらに，物理学に触発された拡散モデルの拡張も多数存在し，アンダーダンプ系のランジュバン方程式を用いた拡散モデル[7]はそのような例の１つである．また，生成時に複数の画像を同時に生成し，画像の間に斥力相互作用を入れておくことにより，生成画像の多様性が向上するとの報告もある[10]．

物理学の直観が役立つ事例は他にも多く存在し，物理学と機械学習モデルの相互作用は続々と新たなモデルの出現を促している．これらのモデルの仕組みを理解し，さらに新しいモデルを考案する過程で，物理学における考え方が大きな役割を果たすことが期待される．機械学習は物理学者にとって新たな魅力的な問題を提供しており，物理学と機械学習の境界は，いまだ探索されていない面白い問題が豊富に存在する，発展途上の領域であるといえる．　**［広野雄士］**

文　献

1) J. Sohl-Dickstein, *et al.*, Deep Unsupervised Learning using Nonequilibrium Thermodynamics, *In International Conference on Machine Learning*, **37**, 2256–2265 (2015).
2) 岡野原大輔，拡散モデル——データ生成技術の数理，岩波書店 (2023).
3) B. エクセンダール，確率微分方程式，丸善出版 (2012).
4) T. Karras, *et al.*, Elucidating the design space of diffusion-based generative models, *NeurIPS*, **35**, 26565–26577 (2022).
5) J. Ho, A. Jain, and P. Abbeel, Denoising Diffusion Probabilistic Models, *NeurIPS*, **33** (2020).
6) Y. Song, *et al.*, Score-Based Generative Modeling through Stochastic Differential Equations, *ICLR* (2021).
7) T. Dockhorn, A. Vahdat, and K. Kreis, Score-Based Generative Modeling with Critically-Damped Langevin Diffusion, *ICLR* (2022).
8) L. Onsager and S. Machlup, Fluctuations and Irreversible Processes, *Phys. Rev.*, **91**, 1505 (1953).
9) Y. Hirono, A. Tanaka, and K. Fukushima, Understanding Diffusion Models by

Feynman's Path Integral, *ICML* (2024).

10) G. Corso, *et al.*, Particle Guidance: non-I.I.D. Diverse Sampling with Diffusion Models, *NeurIPS 2023 Workshop on Deep Learning and Inverse Problems* (2023).

B3

機械学習の仕組み：統計力学的アプローチ

本章の目的は，物理学で培われてきた理論的な枠組みや考え方を，機械学習の仕組みの理解に役立てることである．機械学習と物理学の境界領域を考えるとき，物理学の問題解決に機械学習を道具としていかに活用していくか，という方向が1つであるが，これとは逆方向で，物理学のアプローチで機械学習の問題に迫る，ということである．機械学習としては，“モデル”といえばデータに適合して目的の性能を達成するため道具である．一方，物理学で広く考えられてきたようにモデルあるいは“模型”を現象の理解のために道具として使う立場がありうる．その営みの一端として，統計力学の視点を紹介したい．特に，ニューラルネットワークの研究では統計力学的な解析が1960年代ごろから段階的に発展してきた．この解析は理論神経科学の基礎となるだけでなく，さらに情報科学の様々な分野に刺激を与えてきた歴史がある[1,2]．その流れの中で，近年の深層学習の問題までのつながりができる限りみえるように紹介したい．具体的には，DNN模型と線形回帰模型の2つを紹介する．機械学習は，データ数だけでなく，パラメータ数も大きくなるほど性能が上昇する領域に足を踏み入れた．統計力学的アプローチはそのような大規模システムに対して，興味深い知見を与えてくれる．

B3.1 DNN模型：信号伝播

B3.1.1 スピン模型の考え方

本章は統計力学の具体的な計算の知識を知らなくても読めるように構成されている．ただ，背後には統計力学の考え方や視点が常に潜んでおり，この考え方を共有するために，スピン模型の概要を紹介しておこう．基本的な設定として，N 個のスピン $s_i = \{-1, 1\}$ が従う確率分布（ボルツマン分布と呼ばれる）を

$$p(\boldsymbol{s}) = \frac{\exp(-\beta H)}{Z}, \quad H = -\sum_{ij} J_{ij} s_i s_j \tag{B3.1}$$

で与える．β は逆温度，Z は分配関数である．イジング模型では，スピン間の結合が $J_{ij} = J/N$ で与えられる．以下では，簡単のため，スピン間は全結合している無限レンジ模型に注目するが，様々なグラフ上での議論がなされている．J_{ij} が対称行列でランダムにガウス分布からサンプルされたならば，スピングラスの基本的なモデルであるシェリントン・カークパトリック模型（Sherrington–Kirkpatrick model, SK 模型）である．素子数 N が十分に大きい熱力学極限において，スピンというミクロ（微視的な）状態から，マクロ（巨視的な）状態が従う法則を与えるのが統計力学の枠組みである．例えば，以下の磁化

$$m = \mathbb{E}_{\boldsymbol{s}} \left[\frac{\sum_{i=1}^{N} s_i}{N} \right] \tag{B3.2}$$

はこの系の性質を理解する基本となるマクロ変数である．なお，$\mathbb{E}_{\boldsymbol{x}}$ は $\boldsymbol{x}$ の確率分布で平均を取る操作を意味する．個々のスピンにある種の独立性を要求して計算する平均場理論は，イジング模型において，自己無撞着方程式

$$m = \tanh(\beta J m) \tag{B3.3}$$

を与える．なお，無限レンジ模型ではこれは厳密な解析結果と一致する．この方程式から，常磁性と強磁性の相転移がみえる．高温（$\beta J < 1$）のとき，$m = 0$ が解となり常磁性に対応する．低温（$\beta J \geq 1$）では非 0 の m が解となり，強磁性が表われる．この磁化 m のように系の性質を特徴付けるマクロ変数を**秩序変数**（order parameter）と呼ぶ．磁性体に限らず，統計力学は分子運動から理想気体のボイル・シャルルの法則（Boyle–Charles law）や固体–液体–気体の相転移を導くなど，大自由度システムを理解する上で強力な枠組みである．こうした多体システムの理解は原子や分子の相互作用に限らない．個々の要素が相互作用を通して，要素全体で質的に興味深い性質をみせる例は生命システムでもみられ，振動子[3] やカオス[4] に至るまで大自由度力学系が数理模型として与

えられている．そして本章に関係して，符号復号や圧縮センシングなど，情報科学の問題でも，統計力学の枠組みは多くの知見と問題解決を与えてきた歴史があり，情報統計力学と呼ばれている[2]．では近年の機械学習の問題にはどのような示唆ができるか，というのが本章の趣旨である．

B3.1.2 信号伝播の巨視的法則

まずはじめに，ランダムな結合パラメータを持つ DNN 模型を考える．相互作用の仕方や状態をランダムに与えて解析するのは，SK 模型然り，未知の系を解析するときの第一歩としてよく取られるアプローチである．DNN の場合，勾配法に基づく最適化で**ランダム初期化**（random initialization）が用いられている点で応用上も意義深い．一様乱数のザビエル初期化（Xavier initialization），ガウス乱数のホー初期化（He initialization）などが代表例である．ここでは，ガウス乱数*[1] で生成しよう．

$$W_{ij}^l \sim \mathcal{N}\left(0, \sigma_w^2/M\right), \quad b_i^l \sim \mathcal{N}\left(0, \sigma_b^2\right). \tag{B3.4}$$

本章では最も単純な全結合モデルを考える（$l = 1, ..., L$）.

$$u_i^l = \sum_{j=1}^{M} W_{ij}^l z_j^{l-1} + b_i^l, \quad z_i^l = \phi\left(u_i^l\right). \tag{B3.5}$$

この DNN 模型の幅 M が十分に大きく，素子数が無限の極限で，磁化 m のような巨視的な量での理解を試みるのが本節の目標である．以下の解析は，ランダム深層神経回路の**平均場理論**（mean field theory）あるいは**統計神経力学**（statistical neurodynamics）と呼ばれる[1]．

単一信号の伝播　入力 $\boldsymbol{z}^0 = \boldsymbol{x}$ が与えられたとき，信号がどのように伝播していくかをみてみよう．第 l 層の平均活動度を

$$q^l = \frac{\sum_{i=1}^{M}\left(u_i^l\right)^2}{M} \tag{B3.6}$$

で定義する．入力に対して，l 層のニューロンがどれだけ大きく活動しているか

---

*1) ガウス乱数については A1.2.5 項を参照のこと．

表す量である．$M \to \infty$ の極限において，我々は

$$q^l = \sigma_w^2 \int Du\phi^2\left(\sqrt{q^{l-1}}u\right) + \sigma_b^2 \tag{B3.7}$$

を得ることができる．ここで，$\int Du = \int \mathrm{d}u \exp(-u^2/2)/\sqrt{2\pi}$ は1次元ガウス積分を表す．導出は大数の法則に基づく．u_i^l は添字 i に対して，独立なガウス変数で生成されていることに注意しよう．この添字に対する和において，大数の法則が成立する．前層の z_j^{l-1} においても添え字 j に対する大数の法則から，$\sum_j \left(z_j^{l-1}\right)^2/M \to \int Du\phi^2(\sqrt{q^{l-1}}u)$ となる．一般にガウス結合でなくても独立であれば，中心極限定理から同じ表式を得る．

信号が十分な層数を伝播して定常状態になったときの活動度 $q^* = \lim_{l\to\infty} q^l$ は，$q^* = \sigma_w^2 \int Du\phi^2(\sqrt{q^*}u) + \sigma_b^2$ を満たす．スピン模型における磁化を表す式 (B3.3) のように，1つのスカラー値で，十分な層数でどのような信号伝播が達成できるか，まずは最も単純な性質がわかったといえる．

信号距離の伝播　次に2つの入力信号を伝播させることを考えてみよう．この模型を信号処理システムとしてみたとき，類似した入力（あるいは逆に異なる入力）に対して，どういった情報処理のバイアスを持つかを知りたい．

$$\boldsymbol{z}^0(k) = \boldsymbol{x}^{(k)} \in \mathbb{R}^D, \quad u_i^l(k) = \sum_j W_{ij}^l z_j^{l-1}(k) + b_i^l \quad (k = 1, 2). \tag{B3.8}$$

第 l 層の重なり（overlap）を

$$q_{12}^l = \frac{\sum_i^M u_i^l(1) u_i^l(2)}{M} \tag{B3.9}$$

で定義し，計算してみよう．ランダムな回路に異なる入力を入れているので，信号は直交して0になるのでは，と思う読者もいるかもしれない．実は以下のように一般に非0の値を取るのが重要な点である．これは，2つの入力が同じランダム結合を通して伝播するためである．すなわち，$z^l(1)$ と $z^l(2)$ は同じ確率変数 W^l を共有するので独立ではない．無限幅において漸近的に，

$$\sum_i u_i(1)u_i(2) = \sum_{ij} W_{ij}^2 z_j(1) z_j(2) = \sigma_w^2 \sum_j z_j(1) z_j(2). \tag{B3.10}$$

単一信号伝播のときと同様に考えて，大数の法則より，

$$q_{12}^{l+1} = \sigma_w^2 \hat{q}_{12}^l + \sigma_b^2, \tag{B3.11}$$

$$\hat{q}_{12}^l = \int \mathrm{d}\boldsymbol{u} P\left(\boldsymbol{u}; 0, \begin{bmatrix} q_{11}^l & q_{12}^l \\ q_{12}^l & q_{22}^l \end{bmatrix}\right) \phi(u_1)\,\phi(u_2) \tag{B3.12}$$

が得られる．ただし，確率分布 P は 2 次元ガウス分布である．この層から層への再帰方程式は次節で示すように，ランダム DNN 模型の重要な性質を教えてくれる．

B3.1.3　平均場と秩序–カオス相転移

計算の便宜上，信号相関を $c_{12}^l = q_{12}^l / q^l$ と定義しよう．簡単のため，入力は正規化して，$q^l = q_{11}^l = q_{22}^l$ だとする．このとき，式 (B3.12) を変形すると，

$$\hat{q}_{12}^l = \int \mathcal{D}x_1 \mathcal{D}x_2 \phi(u_1)\,\phi(u_2), \tag{B3.13}$$

$$u_1 = \sqrt{q^l} x_1, \quad u_2 = \sqrt{q^l}\left(c_{12}^l x_1 + \sqrt{1 - \left(c_{12}^l\right)^2} x_2\right). \tag{B3.14}$$

この式に代入するとわかるように，$c^* = 1$ は固定点になっている．十分な層数伝播したとして，c^* まわりで摂動展開を考えよう．次の微小量

$$\varepsilon^l = c^* - c_{12}^l \tag{B3.15}$$

に対して展開すればすぐにわかるように，

$$\varepsilon^l \approx e^{-l/\xi_c}. \tag{B3.16}$$

ここで

$$\xi_c^{-1} = -\log\chi, \quad \chi = \frac{\partial c_{12}^l}{\partial c_{12}^{l-1}} = \sigma_w^2 \int \mathcal{D}u \left[\phi'\left(\sqrt{q^*}u\right)\right]^2 \tag{B3.17}$$

である．ξ_c は相関長と呼ばれる．χ は (σ_w^2, σ_b^2) から値が決まり，その値に応じて固定点 c^* の安定性が変わる（図 B3.1）．$\chi < 1$ のとき固定点は安定である．$\chi > 1$ では不安定固定点となり，$c_{12}^\infty < 1$ に安定固定点があれば，そちらに収束すると期待される．この場合も，上式と似た形の相関長を導くことができる．安定性の意味は図 B3.1 左をみるとわかりやすいだろう．黒矢印が表すように，

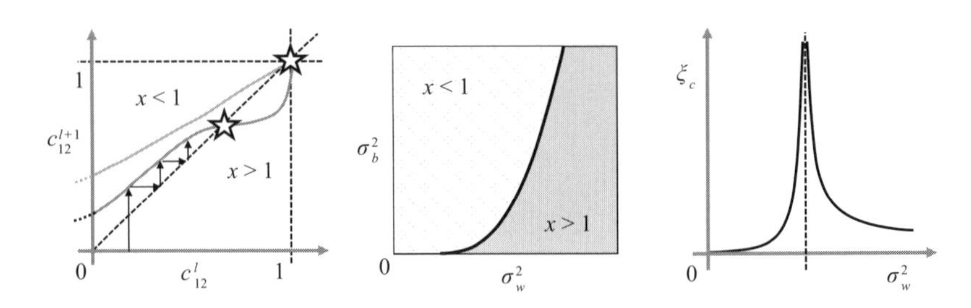

図 B3.1　ランダム深層回路（MLP, tanh 活性化関数の場合）における秩序–カオス相転移．（左）固定点への引き込み．（中央）相図．実線はカオスの縁 $\chi(\sigma_w^2, \sigma_b^2) = 1$ を表す．（右）相関長 ξ_c の典型的な振る舞い．

$c_{12}^1 \to c_{12}^2 \to \cdots$ とその収束先をみてみると，固定点まわりの傾きが 1 より小さければ，その固定点に吸い込まれていく．

式 (B3.16) からわかるように，$\chi > 1$ のとき信号が指数関数的に拡大され，$\chi < 1$ のときは縮小される．これはランダム神経回路の**秩序–カオス相転移**(order–chaos phase transition) と呼ばれる現象の表れである．$\chi < 1$ が秩序相，$\chi > 1$ がカオス相に対応している．微小な信号の差を大きく拡大することが，カオス力学系における初期値鋭敏性に対応する．$\chi = 1$ となる臨界線も興味深い．このとき，固定点への引き込みには非常に時間がかかり，指数で測った相関長が発散する．入力信号の角度情報を失わないまま，上の層まで信号伝播することができる．

秩序相では，同一の発火パターンに引き込まれ，入力信号が区別できない一方，カオス相は複雑な変換を可能にするので，層数に対する表現能力の増加を示唆している．望ましい設定に思われるかもしれない．しかし，次章でみるように誤差逆伝播を考えると，望ましいハイパーパラメータ領域に制限がかかる．

平均場理論の起源　　ところで，DNN における平均場理論や秩序–カオス相転移という呼び名は，RNN の理論との類似性から名付けられている．DNN は順方向のモデルで，層ごとに独立なランダム結合 W_{ij} が与えられる．これは下層の状態 z_j と独立である．なので，j に関して和を取るときに中心極限定理が容易に使えるし，i に関して大数の法則からマクロ変数を導ける．ところが，RNN は同じ結合 W を何度も使うため，従属性が生じる．例えば，異なる時刻の発火状態 $\boldsymbol{z}^{t+1}$ と $\boldsymbol{z}^t$ は同じ結合 W を持っているから相関しており，また層内の素子の独立性も非自明である．そこで，独立性を仮定して RNN を解析する．時刻によらず，素子は常に独立で同じ統計性と仮定しよう．

$$p(z_1, \ldots, z_M) = p(z_1) \cdots p(z_M). \tag{B3.18}$$

この設定はナイーブ平均場とも呼ばれる．実は，この RNN におけるナイーブ平均場近似で得られる秩序変数は DNN の統計神経力学と同一の式になる．一方，RNN で独立性を課さずに解析する方法としては，動的平均場理論が知られている．時間方向の相関を取り込みながら，ダイナミクスを一体化して自己無同着に解くことができる[5]．定常状態のリャプノフ指数（Lyapunov exponent）からカオス，ひいては秩序–カオス相転移を理論的に特徴付けることができる．このように正確な議論はナイーブ平均場近似の範囲外にあるが，転移点はナイーブ平均場近似と動的平均場理論で一致しており，みたい現象によっては十分に機能するといえよう．

B3.1.4　逆伝播の巨視的法則

上の解析では，信号伝播を考えただけで，学習の側面に触れなかった．学習について洞察を得るため，A2.7 節で導入された誤差逆伝播の解析をしてみよう．深層モデルでは勾配の消失と発散が現れるのであった．誤差逆伝播（A2.39）を思い出すと，

$$\delta_i^l = \phi'\left(u_i^l\right) \sum_j W_{ji}^{l+1} \delta_j^{l+1}. \tag{B3.19}$$

これに対して，順方向のときを真似て，単一信号における秩序変数として勾配の大きさを

$$\tilde{q}^l := \sum_i \left(\delta_i^l\right)^2 \tag{B3.20}$$

で導入する*2)．

さて，この勾配の大きさの評価において，順方向と違って注意すべき点は，δ^{l+1} は順方向信号を含むため，W^{l+1} に依存していることである．なので，中

*2)　順方向の信号は平均を取っているが，逆伝播では和を取っている点が気になるかもしれない．これは，逆伝播が出力素子 1 つからはじまっているため，最終層の結合のスケールが和に対して $1/M$ 倍のスケールを生むためである．

心極限定理や大数の法則をそのまま使うことはできない．しかし，幸いにも，式 (B3.19) 内に陽に出ている W_{ji}^{l+1} が順方向とあたかもまったく独立な確率変数だと思って計算しても，正しい結果を与えることが知られている．これは勾配独立性仮定（gradient independence assumption, GIA）と呼ばれる．すると無限幅極限でただちに，以下が成り立つとわかる．

$$\tilde{q}^l = \tilde{q}^{l+1}\sigma_w^2 \int \mathcal{D}u \left[\phi'\left(\sqrt{q^l}u\right)\right]^2. \tag{B3.21}$$

数学的に厳密には，ガウス条件付けで同じ結果が得られることが知られている[6,7]．勾配の大きさの計算において逆伝播の W_{ji}^{l+1} は順方向の信号伝播で条件付けられているが，無限幅極限では高々有限個の条件付けが無視できるため，GIA を仮定してもよいと解釈できる．

B3.1.5 相転移としての勾配消失／発散問題

ここで注目すべきは，勾配の大きさが χ で決まることである．簡単のため，L 層まで q^l に関して定常になっていて同じ q^* を持つとすれば

$$\tilde{q}^1 = \tilde{q}^L \chi^{L-1} \tag{B3.22}$$

となる．秩序相では指数的にゼロに近づき，勾配消失する．一方のカオス相では指数的に勾配発散する．したがって，どこで初期化すべきかというと，$\chi = 1$ の臨界ライン上である．この初期化は**カオスの縁**（edge of chaos）初期値と呼ばれる．実際，ホー初期化は上のように導出したわけではないが，結果的には ReLU におけるカオスの縁初期化を満たしている．図 B3.1（右）で相関長をみたが，これは勾配の消失／発散の強さも表している．実際に様々な層数のモデルを σ_w^2 を変えて訓練してみると訓練ロスの下がりやすさは相関長でよく説明できる[8,9]．

最後に，平均場理論はより構造を持ったモデルでも議論されている．例えば，畳み込みネットワークの場合は，チャネル数を幅とみなすことができ，やはり秩序–カオス相転移が起こる．残差接続を導入すれば信号消失は防がれて，相転移が起こらない．ただし，順伝播における勾配の大きさでは指数オーダーよりも緩やかな変化がみられることが知られており興味深い．あるいは，カオスの

縁初期化を起点に，より望ましい初期化を探す研究もある．直交行列で初期化する動的等長性（dynamical isometry）[10] や活性化関数の形状自体を調整する初期化方法[11] などがある．

B3.1.6 カーネル法とのつながり

中間層の結合をランダムのまま固定し，最終層の結合のみを学習する状況を考えてみよう．すると，順信号伝播の秩序変数が自然と現れる．

$$\min_{\boldsymbol{w}\in\mathbb{R}^M}\sum_{i=1}^{N}|y^{(i)}-\boldsymbol{w}^\top\boldsymbol{z}^L\left(\boldsymbol{x}^{(i)}\right)|^2+\lambda\|\boldsymbol{w}\|^2 \tag{B3.23}$$

の解 $\boldsymbol{w}^*$ において，任意の入力 $\boldsymbol{x}'$ に対するモデルの出力は，

$$\boldsymbol{w}^{*\top}\boldsymbol{z}^L(\boldsymbol{x}')=K(\boldsymbol{x}',\boldsymbol{x})\left(K+\lambda I_n\right)^{-1}\boldsymbol{y}. \tag{B3.24}$$

ただし，$K_{ij}=\boldsymbol{z}^L(\boldsymbol{x}^{(i)})^\top\boldsymbol{z}^L(\boldsymbol{x}^{(j)})$ は訓練サンプルから定まる $n\times n$ 行列，$K(\boldsymbol{x}',\boldsymbol{x})=\boldsymbol{z}^L(\boldsymbol{x}')^\top\boldsymbol{z}^L(\boldsymbol{x})$ は任意の入力と訓練サンプルから定まる n 次元ベクトルであり，$\boldsymbol{y}=\left(y^{(1)},\ldots,y^{(N)}\right)^\top$ とおいた．この回帰はランダム特徴（random feature）回帰と呼ばれるものの一種である．ここで，K の各成分は，異なる 2 つの入力に対する発火ベクトルの内積になっており，幅で正規化すれば重なり (B3.9) と同様に計算できる．ひいては無限幅極限において，式 (B3.12) で与えられた $\hat{q}_{12}^L$ に帰着する．重なりの秩序変数は入力の内積で決まるから，上記の回帰問題は内積カーネルを使ったカーネルリッジ回帰となる．1 つ具体形を紹介すると，ReLU のとき，アークコサイン（Arc-cosine）カーネル

$$\hat{q}_{12}^l=\frac{q^l}{2\pi}\left(\sqrt{1-(c_{12}^l)^2}+c_{12}^l\pi-c_{12}^l\cos^{-1}c_{12}^l\right) \tag{B3.25}$$

を層から層へ再帰的に計算すれば，$\hat{q}_{12}^L$ が得られる．このような NN に基づくカーネルでも，層数が多いとき，隠れ層のランダム結合がカオスの縁で与えられていると性能が高い傾向にあることが実験的に報告されている[12]．

B3.2 DNN 模型：学習レジーム

ここまで，ランダム初期値における DNN 模型の状態を解析してきた．初期

値で消失／発散が回避できれば，いよいよ学習を進めることができるだろう．学習中のモデルに対して，幅無限大極限で我々は巨視的な理解を構築できるだろうか．初期値や学習率の設定に応じて，相図のように状態を分類できれば役立つだろう．こうした問いで実験的／理論的に研究が進んでいる[13–15]．その最前線の１つとして，学習レジームを紹介しよう．

B3.2.1 NTK レジーム

パラメータの学習ダイナミクスを考える．勾配法を以下で表す．

$$\frac{\mathrm{d}\theta_t}{\mathrm{d}t} = \eta \nabla_\theta \boldsymbol{f}_t^\top (\boldsymbol{y} - \boldsymbol{f}_t). \tag{B3.26}$$

ここで，$\nabla_\theta \boldsymbol{f}_t$ は $N \times P$（パラメータ数）行列である．勾配法なので，以下では基本的に微分可能な活性化関数を想定して議論を進める．両辺に $\nabla_\theta \boldsymbol{f}_t$ を掛けて，$\boldsymbol{f}$ の更新則に書き直すと，

$$\frac{\mathrm{d}\boldsymbol{f}_t}{\mathrm{d}t} = \eta \nabla_\theta \boldsymbol{f}_t \nabla_\theta \boldsymbol{f}_t^\top (\boldsymbol{y} - \boldsymbol{f}_t). \tag{B3.27}$$

ここで，$\nabla_\theta \boldsymbol{f}_t \nabla_\theta \boldsymbol{f}_t^\top$ を Θ_t とおき，**神経接核**（neural tangent kernel, NTK）と呼ぶ．もしも，Θ_t が定数行列であれば，上式は $\boldsymbol{f}$ に関して線形常微分方程式なので解くことができるが，一般にはパラメータに依存して時間変化するため，解くのは容易ではない．ところが，幅が十分に大きいとき，$\Theta_t \approx \Theta_0$ が成立して解ける場合がある．それが，以下の **NTK レジーム**と呼ばれる状態である．

ここではモデルのパラメータ表示を以下に変える．

$$\boldsymbol{u}_l = \frac{1}{\sqrt{M}} w^l \boldsymbol{z}_{l-1}, \ w_{ij}^l \sim \mathcal{N}(0, \sigma_w^2). \tag{B3.28}$$

これは NTK パラメータ表示（NTK parameterization）と呼ばれる．幅の寄与を係数として外に出すと，微分した際に，$\partial \boldsymbol{u}/\partial w = \boldsymbol{z}/\sqrt{M}$ のように，ヤコビアンがスケールされる．次節でみるように，これは通常のパラメータ表示で学習率を $1/M$ にすることに相当する．なお，以下では訓練サンプル数，層数，クラス数は幅に対して定数だとする．他にも，いくつかの技術的な仮定を要するがここでは省略する．幅無限大極限において，$\Theta_t = \Theta_0$ が成立し，

$$f_t(\boldsymbol{x}') = \Theta_0(\boldsymbol{x}', \boldsymbol{x}) \Theta_0^{-1} (I - \exp(-\eta \Theta_0 t)) (\boldsymbol{y} - \boldsymbol{f}_0) + f_0(\boldsymbol{x}') \tag{B3.29}$$

と解くことができる．なお，Θ_0 は順方向の秩序変数 $\hat{q}_{12}^l$ と逆伝播の対応物で陽に書き表すことができ，層数に対して和をとった形となる．$\hat{q}_{12}^L$ は最終層のみを学習した場合の内積カーネルであったが，NTK は全層の更新を反映した内積カーネルということである．式 (B3.29) は，初期値近傍で線形化されたモデル

$$f_\theta^{\mathrm{lin}}(\boldsymbol{x}) = f_0(\boldsymbol{x}) + \nabla_\theta f_0(\boldsymbol{x})(\theta - \theta_0) \tag{B3.30}$$

の学習と等価である．つまり，NTK レジームは，初期値まわりの十分に近い線形の範囲だけで訓練損失を 0 まで下げることができる状態である．数学的に厳密な導出は割愛するが，これはオーダー評価からもうかがえる．NTK パラメータ表示では，$\nabla_\theta f = \mathcal{O}(1/\sqrt{M})$，また $\eta\nabla_\theta f = \mathcal{O}(1/M \cdot 1/\sqrt{M})$ であることからパラメータの変化は $\theta_t - \theta_0 = \mathcal{O}(1/M^{3/2})$．パラメータは微小変化（ミクロ）でも，大量のパラメータ $\mathcal{O}(M^2)$ があるため，出力 f が $\mathcal{O}(1)$ 変化（マクロ）することを可能にしている状態といえる．NTK レジームは学習の巨視的な挙動の単純な例ともいえるだろう．

一般に微分可能な関数の学習では，このような初期値近傍で学習が閉じる状況が発生しうる．これは怠惰レジーム（lazy regime）と呼ばれる．DNN であれば，データに応じて階層的に特徴学習してほしいにもかかわらず，初期値に近いところで線形モデルとして学習が終わってしまう様は確かに怠惰である．実際の学習では，有限幅のように NTK レジームの外側に向かう要因があると考えられるが，無限幅極限というある種の理想状況に近づくほどこのようなバイアスがかかるのは，不利な点があってもおかしくない．実は，無限幅極限で特徴学習をするには，通常の初期化と異なるスケールを取る必要がある．それが次節で紹介する μP である．

陰的 L2 正則化　NTK レジームは，過剰パラメータ系における勾配法の陰的正則化を理解する点でわかりやすい設定である．今，過剰パラメータの設定であるから ($P \gg N$)，訓練誤差ゼロの解は無数にある．NTK 解は，その中でリッジレス解となっている．すなわち $\Delta\theta = \theta - \theta_0$，$\mathcal{E}(\Delta\theta) = \|\boldsymbol{y} - (\boldsymbol{f}_0 + \nabla \boldsymbol{f}_0 \Delta\theta)\|_2^2$ とおくと，

$$\begin{aligned}\mathrm{argmin}_{\Delta\theta}\, \mathcal{E}(\Delta\theta) + \lambda\|\Delta\theta\|_2^2 &= (\nabla \boldsymbol{f}_0^\top \nabla \boldsymbol{f}_0 + \lambda I_P)^{-1} \nabla \boldsymbol{f}_0^\top (\boldsymbol{y} - \boldsymbol{f}_0) \quad \text{(B3.31)}\\ &\to \nabla \boldsymbol{f}_0^\top \Theta_0^{-1} (\boldsymbol{y} - \boldsymbol{f}_0) \quad (\lambda \to 0^+).\end{aligned}$$

これはL2ノルムが正則化されたリッジレス解

$$\mathrm{argmin}_{\Delta\theta}\|\Delta\theta\|_2^2 \ s.t.\ \mathcal{E}(\Delta\theta)=0 \tag{B3.32}$$

である．つまり，無数の解の中から，最急勾配法を使うという設定が，L2ノルム正則化された解を陰的に選択している．これは**陰的正則化**（implicit regularization）の例である．ここでみた例に限らず，このように深層学習で使われるアルゴリズムの中で経験的に高い性能を発揮する手法は，望ましい陰的バイアスを持つことが様々な例で報告されており，過剰パラメータ系を支える重要な性質である．

B3.2.2　μP

ここでは，NTKレジームを超えて，特徴学習するための設定として $\boldsymbol{\mu}\mathbf{P}$（maximal update parameterization, MUP）を紹介する．NTKレジームは，通常の初期値スケールを使うと，幅無限大でモデルが線形化されてしまい，NNの豊かな表現能力を失ってしまうことを示唆している．初期化スケールの一般的な決め方として，abcパラメータ表示（abc parameterization）

$$W^l = w^l/M^{a_l}, \quad w_{ij}^l \sim \mathcal{N}\left(0, \sigma^2/M^{2b_l}\right), \quad \eta^l = \bar{\eta}^l/M^{c_l} \tag{B3.33}$$

を導入する．w^l が訓練パラメータで，W^l は比例係数が掛かったもの，η^l は第 l 層の学習率である．例えば，NTKパラメータ表示は，中間層において $(a_l, b_l, c_l) = (1/2, 1/2, 0)$ であった．無限幅極限で，学習ダイナミクスが幅に依存せず発散も消失もしないレジームをみつけたい．以下，これを安定なパラメータ表示と呼び，満たすべきabcの指数を調べてみよう．

ニューラルネットの学習を考えるとき，データの性質に応じて適切な特徴量を抽出してほしい．そのためには，各層のパラメータが変化することで，ニューロンの活動の大きさが十分に変化する必要がある．厳密な議論には目をつぶって，直観的なオーダー評価を紹介しよう．簡単のため，初期値からの1ステップ更新を考える．

$$\Delta\boldsymbol{u}^l = \boldsymbol{u}^l(1) - \boldsymbol{u}^l(0). \tag{B3.34}$$

厳密な議論には目をつぶって，直観的なオーダー評価を紹介しよう．まず前提として，初期値における中間層 $\boldsymbol{u}^{l<L}$ が幅に依存して発散や消失していると訓練が困難だろうから，$\boldsymbol{u}^l$ はオーダー 1 と要請しよう．

$$a_l + b_l = 1/2. \tag{B3.35}$$

続いて，各層の変化 $\Delta\boldsymbol{u}^l$ を評価する．中間層の変化 $\Delta\boldsymbol{u}^l$ がオーダー 1 であることを特徴学習の自然な特徴付けとして要請しよう．

$$\Delta\boldsymbol{u}^l = \Delta W^l \boldsymbol{z}^{l-1} + W^l \Delta\boldsymbol{z}^{l-1} \tag{B3.36}$$

のように分解し，1 ステップ更新による変化を 1 次摂動の範囲で考える．これは，定数学習率 $\bar{\eta}^l$ が十分に小さい状況を考えると正当化できる．式 (B3.36) の右辺第 1 項が l 層のパラメータ変化に対応し，第 2 項は下層の変化に対応する．下層のみで学習が進む場合を排除するため，右辺第 1 項がオーダー 1 と要請する．具体的には，

$$\Delta W^l \boldsymbol{z}^{l-1} = -\frac{\bar{\eta}^l}{M^{2a_l+c_l}}(\boldsymbol{\delta}^l \boldsymbol{z}^{l-1\top})\boldsymbol{z}^{l-1}. \tag{B3.37}$$

ただし，W^l は w^l の $1/M^{a_l}$ 倍だが，さらに，$\nabla_{w^l}\mathcal{E} = \nabla_{W^l}\mathcal{E}/M^{a_l}$ であるから，パラメータ更新は $1/M^{2a_l}$ 倍となっていることに注意しよう．少し考えると，$\boldsymbol{\delta}^l = \mathcal{O}\left(W^L\right) = \mathcal{O}\left(1/M^{a_L+b_L}\right)$ であるから，

$$\Delta\boldsymbol{u}^l = \mathcal{O}(1/M^{r_l}), \quad r_l = 2a_l + c_l - 1 + a_L + b_L. \tag{B3.38}$$

ただし，最終層では更新 ΔW^L 内に W^L が現れないため，$r_L = 2a_L + c_L - 1$ となり，入力層は入力次元が幅に依存しないため，$r_1 = 2a_1 + c_1 + a_L + b_L$ となる．特徴学習では，$r_{l<L} = r_L = 0$ とすればよい．

安定な学習を実現するためには，もう一つ条件がある．式 (B3.36) の第 2 項は摂動によって，

$$W^l \Delta\boldsymbol{z}^{l-1} = W^l \mathrm{diag}(\phi'(\boldsymbol{u}^{l-1}))(\Delta W^{l-1}\boldsymbol{z}^{l-2} + W^{l-1}\Delta\boldsymbol{z}^{l-2}) \tag{B3.39}$$

と展開される．ここで $\mathrm{diag}(\boldsymbol{v})$ はベクトル $\boldsymbol{v}$ の要素を対角成分に並べた対角行列である．中間層において上式は式 (B3.37) と同様のオーダー評価に帰着するが，最終層では特別な注意が必要となる．なぜなら，

表 B3.1 パラメータ表示（b_l, c_l）の概要.

	入力層	中間層	最終層
デフォルトの初期化	$(0, 0)$	$(1/2, 0)$	$(1/2, 0)$
μP	$(0, -1)$	$(1/2, 0)$	$(1, 1)$
NTK	$(0, 0)$	$(1/2, 1)$	$(1/2, 1)$

$$W^L \mathrm{diag}(\phi'(\boldsymbol{u}^{L-1}))\Delta W^{L-1}\boldsymbol{z}^{L-2} \propto \boldsymbol{\delta}^{L-1\top}(\boldsymbol{\delta}^{L-1}\boldsymbol{z}^{L-2\top})\boldsymbol{z}^{L-2} \quad \text{(B3.40)}$$

のように，出力 f の変化とパラメータ更新の相関が $\boldsymbol{\delta}^{L-1}$ のノルムとして現れるためである．無限幅極限において，出力 f の変化には中間層の変化が反映されてほしいので，式 (B3.40) がオーダー 1 であることを要請すると，

$$r_{L-1} + a_L + b_L - 1 = 0 \quad \text{(B3.41)}$$

を得る．

結局，μP とは特徴学習の条件として指数 $r_l = 0$，式 (B3.35)，(B3.41) を満たすもので，表 B3.1 のように与えられる．ただし，abc パラメータの不定性より，$a_l = 0$ として一般性は失われない．驚くべきことに，よく使われるデフォルトの初期化（$b_L = 1/2$）の下では，安定なパラメータ表示は NTK レジームのみである．NTK パラメータ表示は $r_{l<L} = 1/2$ となっており，たしかに中間層での学習が微小しか進んでいないことが分かるだろう．無限幅極限で特徴学習を進めるには，最終層の初期値を小さく取る必要がある．

μP の有用性は，単純な MLP から GPT に至るまで，様々なモデルで検証が進んでいる．特に，μP はハイパーパラメータ転移に優れていると考えられており，小さい幅のモデルで見積もった学習率を含むハイパーパラメータをそのまま幅の大きいモデルに流用しても，高い性能が発揮できることが知られている．さらに，1 次最適化に限らず 2 次最適化にも議論は一般化でき，やはり経験的に使われてきたハイパーパラメータの設定が必ずしも無限幅にスケールしないことがわかっている[16)]．なお，本節では 1 ステップ更新の摂動に対するオーダー評価を直観的に紹介した．より一般のステップに対して幅に依存しない意味で安定なダイナミクスが構成できるかは，テンソルプログラム（tensor program）と呼ばれる理論の枠組み[14)]が議論されている．

平均場レジーム　発展的な話題として，μP における浅い NN の訓練ダイナ

ミクスは，特定の仮定の下，ある偏微分方程式で書けることを紹介だけしておこう．簡単のため最小 2 乗誤差ロスを考え，$\frac{\sum_{j=1}^{M} v_j \phi(\boldsymbol{w}_j^\top \boldsymbol{x})}{M}$ を訓練する．パラメータ $\theta_j = (\boldsymbol{w}_j, v_j) \in \mathbb{R}^{D+1}$ とおく．興味深いことに，いくつかの仮定を満たす確率的勾配降下法では，無限幅極限において，時刻 t のモデルをパラメータ分布 $\rho_t(\theta)$ に対する平均として $f(\boldsymbol{x}) = \int v\phi(\boldsymbol{w}^\top \boldsymbol{x}) \mathrm{d}\rho_t(\theta)$ と表現することができる．学習はこの分布の時間発展に帰着して，

$$
\frac{\partial \rho_t(\theta)}{\partial t} = \nabla_\theta \cdot \left(\rho_t \nabla_\theta \Psi\left(\theta; \rho_t\right)\right), \tag{B3.42}
$$

$$
\Psi(\theta; \rho) := \frac{\delta \mathcal{E}(\rho)}{\delta \rho} = \mathbb{E}_{\boldsymbol{x}, y}\{v\phi(\boldsymbol{w}^\top \boldsymbol{x})(f(\boldsymbol{x}; \rho) - y)\}. \tag{B3.43}
$$

式 (B3.42) は連続の方程式である．流体における粒子数の保存と同様にして，中間素子数が訓練中に保存していると考えれば自然だろう．この枠組みは**平均場レジーム**あるいは平均場解析と呼ばれ，大域収束性などが精力的に研究されている[15, 17]．

B3.3　線形回帰模型

ここまで，DNN の学習について，どのように訓練誤差を下げるか，その訓練性について解析してきた．機械学習において，もう 1 つ重要な問題は，汎化性能である．ここでは最も単純な例として，線形基底の線形回帰模型の汎化誤差解析を紹介しよう．最も単純な系の 1 つだが，その汎化誤差はパラメータ数に対して非自明な増加や減少をみせる．ここに過剰パラメータ系の二重降下現象と呼ばれる性質の一端をみることができる．

B3.3.1　過剰パラメータ系の汎化誤差

ここでは，学習データ $\left(x^{(i)}, y^{(i)}\right) \in \mathbb{R}^D \times \mathbb{R}\ (i = 1, \ldots, N)$ もガウス乱数で生成する．

$$
\boldsymbol{y}^{(i)} = \bar{\boldsymbol{w}}^\top \boldsymbol{x}^{(i)} + \boldsymbol{n}^{(i)}, \tag{B3.44}
$$

$$
\boldsymbol{x}^{(i)} \sim \mathcal{N}(0, I), \quad \boldsymbol{n}^{(i)} \sim \mathcal{N}\left(0, \sigma^2 I\right), \quad \bar{\boldsymbol{w}} \sim \mathcal{N}\left(0, \frac{1}{D} I\right). \tag{B3.45}
$$

モデル（生徒）も学習データ（教師）も線形モデルの生徒–教師型の設定である．最適解は

$$\hat{\boldsymbol{w}} = \mathrm{argmin}_{\boldsymbol{w}} \frac{1}{N}\|\boldsymbol{y} - X\boldsymbol{w}\|^2 + \lambda\|\boldsymbol{w}\|^2 = (X^\top X + \lambda N I)^{-1} X^\top \boldsymbol{y} \quad \text{(B3.46)}$$

と書き表せる．また汎化誤差は，$\mathbb{E}_{\boldsymbol{x}}\left[\left(\hat{\boldsymbol{w}}^\top \boldsymbol{x} - \bar{\boldsymbol{w}}^\top \boldsymbol{x}\right)^2\right] = \|\hat{\boldsymbol{w}} - \bar{\boldsymbol{w}}\|^2$ と書ける．注意点として，最適解 $\hat{\boldsymbol{w}}$ は，訓練データに依存するが，これは確率変数である．訓練データサンプルセットごとに性能にばらつきが現れるかもしれない．そこで平均値として

$$\mathcal{E}_{\mathrm{test}} = \lim_{N,D\to\infty, D/N\to\alpha} \mathbb{E}_{\bar{\boldsymbol{w}},X,\boldsymbol{n}}\left[\|\hat{\boldsymbol{w}} - \bar{\boldsymbol{w}}\|^2\right] \quad \text{(B3.47)}$$

を評価するのは順当だろう．このような平均値を直接評価するアプローチは典型評価とも呼ばれる[*3)]．ここで，見通しをよくするため，ノイズ $\boldsymbol{n}$ に対するバイアス–バリアンス分解を考える．

$$\mathbb{E}\left[\|\hat{\boldsymbol{w}} - \bar{\boldsymbol{w}}\|^2\right] = \underbrace{\|\mathbb{E}[\hat{\boldsymbol{w}}] - \bar{\boldsymbol{w}}\|^2}_{=:B(\lambda)} + \underbrace{\mathbb{E}\left[\|\hat{\boldsymbol{w}} - \mathbb{E}[\hat{\boldsymbol{w}}]\|^2\right]}_{=:V(\lambda)}. \quad \text{(B3.48)}$$

少し計算すると，

$$\mathbb{E}_{\bar{\boldsymbol{w}},X} V(\lambda) = \sigma^2 \alpha \mathbb{E}_X \frac{1}{D} \mathrm{tr}\left((Y + \lambda I)^{-2} Y\right),\ Y := X^\top X / N \quad \text{(B3.49)}$$

のように書けることがわかる．ここで，Y はランダムな行列 X からなる行列だが，ここで Y の固有値分布 $\rho(\eta)$ を使うと，

$$\mathbb{E}_{\bar{\boldsymbol{w}},X} V(\lambda) = \sigma^2 \alpha \int \frac{\eta}{(\eta + \lambda)^2} \mathrm{d}\rho(\eta). \quad \text{(B3.50)}$$

実はこの固有値分布は初等関数を使って解析的に書くことができ，α に応じて決まる．これは**マルチェンコ・パスツール則**（Marčenko–Pastur law, MP law）と呼ばれ，ランダム行列理論の一例である．ここでは分布の概形だけを紹介しよう（図 B3.2）．X の要素は独立なガウス分布から生成されているため，Y は

---

*3) この系に限らず，熱力学極限では平均値からのばらつきが無視できるほど小さくなることがしばしばみられる．これは自己平均性と呼ばれる性質である．

固有値が 1 まわりに集まる気がするかもしれないが，α が有限では，図のようにオーダー 1 の範囲でばらつきを持つ．なお，バイアス項も同様に計算でき，特にリッジレスの場合，

$$B(0) = \left(1 - \frac{1}{\alpha}\right) 1_{\alpha>1} \tag{B3.51}$$

$$V(0) = \sigma^2 \left[\frac{\alpha}{1-\alpha} 1_{\alpha<1} + \frac{1}{\alpha - 1} 1_{\alpha>1}\right] \tag{B3.52}$$

を得る．なお，1_Q は Q が成立するとき 1，さもなければ 0 を返す指示関数である．この概形は右図に示すように，バリアンス項が $\alpha = 1$ で発散する．これは，解 $\hat{\boldsymbol{w}}$ の形と MP 則を思い出すとわかりやすい．$\hat{\boldsymbol{w}}$ は逆行列内に Y を持つが，これは $\alpha = 1$ のとき，（自明な 0 固有値を除く）固有値分布の台の左端が 0 にぶつかる．$D < N$ ではサンプル数が増えるほど，固有値が 1 に集まり，Y が単位行列に近づくことから，$\bar{\boldsymbol{w}}$ が正しく推定されるとわかる．一方の $D > N$ では，$(X^\top X + \lambda N I)^{-1} X^\top = X^\top (X X^\top + \lambda I)^{-1}$ が成立するので，入力次元が多いほど $XX^\top/D$ の固有値が集まって推定のばらつきが減る．結局，$D = N$ のまわりで解のばらつきが大きくなり，過剰パラメータ状態では D が大きくなるほど汎化誤差も単調に小さくなる．

なお，解 $\hat{\boldsymbol{w}}$ の L2 ノルムを計算してみると，バリアンス項と同様の増減をしていることがわかり，ノルムが正則化されて汎化誤差が改善しているとみることもできる．

図では，最も単純な線形模型を紹介したが，このような非単調な汎化誤差の増減はカーネル法から NN まで，様々なモデルで明らかにされている．模型に応じて，汎化誤差が不足パラメータ領域で一度下がって上昇し，それから過剰パラメータ領域でもう一度下がる二重降下現象（double descent），あるいはこれを繰り返す多重降下現象（multiple descent）が現れる．ここで紹介した線形モデルでは過剰パラメータ領域で汎化誤差の減少がみられるものの，誤差自体は不足パラメータ領域の方が低くなっている．一般的には逆の状況も生じる．実際，実用上のモデルでは過剰パラメータにするほど汎化誤差が小さくなる挙動がみえるし，簡単なランダム特徴回帰でもこのような状況が出現することは理論的に明らかになっている[18)]．

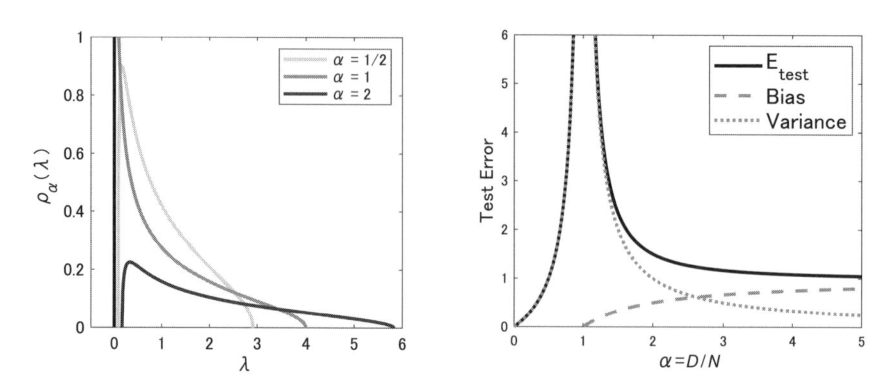

図 B3.2　（左図）固有値のマルチェンコ・パスツール則．（右図）線形回帰における汎化誤差 $\mathcal{E}_{\rm test}$．

B3.3.2　汎化誤差の典型評価

上の汎化誤差解析ではランダム行列理論を中心に紹介した．ランダム行列理論は統計力学と非常に近しい理論体系で，統計力学的計算が固有値分布の解明に寄与してきた歴史がある．例えば，MP 則はリーブワンアウト（leave-one-out）法やモーメント法といったランダム行列理論の標準的な手法で導出できるが，レプリカ法でも導出できる[19,20]．さらに，汎化誤差解析そのものの評価をもっと直接的に，統計力学で解析することができる．詳細は本書のレベルを超えるため，定式化の初手だけを紹介しよう．分配関数で定式化すると，統計力学との対応がみえやすい．今，

$$p_\beta(\boldsymbol{w};\mathcal{D}) = \left(-\beta\mathcal{E}(\boldsymbol{w};\mathcal{D})\right)/Z, \quad Z = \int \mathrm{d}\boldsymbol{w}\exp\left(-\beta\mathcal{E}(\boldsymbol{w};\mathcal{D})\right) \qquad \text{(B3.53)}$$

を導入する．ただし，$\mathcal{E}$ は訓練パラメータ $\boldsymbol{w}$ を持つ訓練誤差である．評価したい（汎化）誤差関数を $O(\boldsymbol{w})$ とおくと，

$$\mathbb{E}_{\mathcal{D}}[\int \mathrm{d}\boldsymbol{w} p_\beta(\boldsymbol{w};\mathcal{D})O(\boldsymbol{w})] = \frac{1}{\beta}\frac{\partial}{\partial J}\mathbb{E}_{\mathcal{D}}[\log Z(\mathcal{D},J)]\bigg|_{J=0}, \qquad \text{(B3.54)}$$

$$Z(\mathcal{D},J) = \int \mathrm{d}\boldsymbol{w}\exp(-\beta\mathcal{E}(\boldsymbol{w};\mathcal{D}) + \beta J O(\boldsymbol{w})) \qquad \text{(B3.55)}$$

と表現することができる．最小解での評価は $\beta \to \infty$ で実現される．上式で現れた $\log Z$ の評価は自由エネルギーの評価に対応する．この定式化を通せば，統

計力学的計算が使いやすくなる．スピングラス系の計算は本書の範囲を超えるが，実は $\mathbb{E}[\log Z]$ の計算に対して，統計力学，特にレプリカ法 (replica method) が強力な処方箋を与える．ここでは，訓練サンプルデータセットに対する平均がランダム結合を持つスピン模型の配位平均（configuration average）に対応している．実際，線形回帰，もっと一般にランダム特徴回帰やカーネル線形回帰の汎化誤差解析はこの定式化にレプリカ法を適用することで実施できるし[21]，ランダム行列理論でも同じ結果が得られる[22]．

最後にいくつか関連研究を紹介する．汎化誤差が非単調な変化をみせ，パラメータ数の増加が汎化性能にとってよい影響を持つ場合があることが意識されはじめたのは，深層学習の発展以降である．しかし，上でみた線形モデルの汎化誤差の発散現象は物理学者たちによって 1990 年前後に報告されていた[23]．計算機の進歩は深層学習の成功を導いたが，その理解の萌芽は，実は過去にも潜んでいたのである．近年は，幅と訓練サンプル数の比を定数に保ったまま幅を無限に飛ばしたランダム特徴回帰の汎化誤差解析も進んだ．背後には，入力や結合パラメータがランダム行列で与えられた非線形 NN の出力の共分散行列を計算しても，あたかも線形である場合のように振る舞うガウス等価性（Gaussian equivalence）が解析の道筋を与えるが，本書の範囲を逸脱するため，ここでは言及だけに留めておく[24]．特徴学習では様々な要因が汎化誤差に寄与しており，日進月歩で理論研究が進んでいるが，例えば初期値からの 1 ステップ更新だけでも特徴学習の優位性が現れることを統計力学的な解析で調べた研究がある[25]．

●まとめ

本書では現代の機械学習の仕組みを統計力学の視点から理解する上で入門となる概念を，DNN 模型と線形回帰模型の 2 つを通して紹介した．前者では，ランダム神経回路における順方向伝播の古典的理論から導入し，誤差逆伝播，1 次摂動の範囲で学習が閉じる NTK レジーム，さらにその外側の特徴学習レジームと段階的にランダム初期値から離れる構成で紹介した．後者では，汎化誤差の興味深い振る舞い，特に過剰パラメータが汎化誤差の減少に寄与することを紹介した．機械学習，もっといえば情報科学では，個々の問題に対して特殊性を極める，専門的なアルゴリズムを作ることが問題解決にとって重要な側面がある．ただし，我々が扱っているモデルあるいはデータにはある程度共通な構造があり，しかも大自由度を考えているのだから，何かしら普遍的な性質が現れるのも自然だろう．統計力学的アプローチにはその理解の助けとなる期待と魅力がある．

統計力学的解析は本章で触れた例以外にも，多彩なアプローチがあり，ここでは紹介しきれない豊かな結果が知られている[2,24]．オンライン学習の統計力学は，確率的最適化に対して縮約された低次元の力学系を通して学習ダイナミクスの理解を助ける[26]．ガードナー体積（Gardner volume）は，幅に対してどれだけ学習サンプルを記憶できるか，その限界に洞察を与える[27]．さらに，無限幅極限の結果に対して有限幅補正項を展開していく摂動計算[28]，学習によるNTKの時間変化まで取り入れた動的平均場理論など[29]，物理で培われてきた枠組みが深層学習と機械学習に対して理解を与えつつあるフロンティアである．もちろん，物理のアプローチに限らず様々な数理の枠組みが理解に向けて進んでいる．お互いに技や視点を持ち寄りながら，我々の理解は押し広がっていくのだろう．

コラム　　学習のダイナミクス

学習には動的な側面がある．現代の大規模モデルは基本的に過剰パラメータの設定であり，訓練誤差をゼロにするような大域解が無数に存在しうる．ある解はNTKレジームのようにパラメータがランダム初期値近傍に留まっているかもしれないし，ある解では積極的にパラメータが刈り込まれて，畳み込みフィルターに類似した局所的な表現を獲得しているかもしれない．どこを初期値に取るか，どの学習アルゴリズムを使うかによって最終的に得られる解が変わり，ひいては予測性能も変わりうるのである．例えば，ロス関数の形状が平坦に近い解ほど予測性能が高いことが報告されており，選ばれる解の平坦性は勾配法の設定に依存する[30]．また，話を広げて転移学習を考えてみると，事前学習されたモデルを流用して微調整（fine-tuning）する作業は，事前学習でよい初期値を選択して最適化しているとみなせるだろう．さらに，様々なタスクを次から次へと学習していく継続学習という枠組みはより動的に解を選んでいく．素朴な学習方法では事前タスクの情報が急激に失われ，破滅的忘却（catastrophic forgetting）現象が生じるため，それを抑える手法開発が行われている[31]．

理論としては，学習の動的な側面を理想化して現象を理解できる模型があるとうれしい．本章で触れた模型以外にも，問題を簡単化して，活性化関数を線形関数にした深層線形ネットの解析がしばしば試みられている．モデルは関数としては線形写像である．非常に簡単だから学習のダイナミクスも簡単に追えると思われるかもしれないが，勾配は複数の層の結合行列からなるから非線形性があり，常微分方程式としての一般解は知られていない[32]．このような難しさもありながら，動的な側面には興味深い問題がまだまだ潜んでいるように思われる．

［唐木田亮］

文　　献

1) 甘利俊一，深層学習と統計神経力学，サイエンス社（2023）．
2) 西森秀稔，スピングラス理論と情報統計力学，岩波書店（1999）．
3) Y. Kuramoto, Self-entrainment of a population of coupled non-linear oscillators, *International Symposium on Mathematical Problems in Theoretical Physics*, 420–422（1975）．
4) K. Kaneko, editor, Theory and Applications of Coupled Map Lattices, Wiley（1993）．
5) A. Crisanti and H. Sompolinsky, Path integral approach to random neural networks, *Phys. Rev. E*, **98**, 062120（2018）．
6) S. Arora, *et al.*, On exact computation with an infinitely wide neural net, *NeurIPS*（2019）．
7) G. Yang, Tensor programs II: Neural tangent kernel for any architecture, arXiv:2006.14548（2020）．
8) B. Poole, *et al.*, Exponential expressivity in deep neural networks through transient chaos, *NeurIPS*（2016）．
9) Y. Bahri, *et al.*, Dynamical isometry and a mean field theory of CNNs: How to train 10,000-layer vanilla convolutional neural networks, *ICML*（2018）．
10) J. Pennington, S. Schoenholz, and S. Ganguli, The emergence of spectral universality in deep networks, *AISTATS*, 631（2018）．
11) G. Zhang, A. Botev, and J. Martens, Deep learning without shortcuts: Shaping the kernel with tailored rectifiers, *ICLR*（2022）．
12) J. Lee, *et al.*, Deep neural networks as Gaussian processes, *ICLR*（2018）．
13) M. Geiger, L. Petrini, and M. Wyart, Landscape and training regimes in deep learning, *Physics Reports*, **924**, 1–18（2021）．
14) G. Yang and E. J. Hu, Tensor programs IV: Feature learning in infinite-width neural networks, *ICML*（2021）．
15) P. L. Bartlett, A. Montanari, and A. Rakhlin, Deep learning: a statistical viewpoint, *Acta numerica*, **30**, 87–201（2021）．

16) S. Ishikawa and R. Karakida, On the parameterization of second-order optimization effective towards the infinite width, *ICLR* (2024).
17) S. Mei, A. Montanari, and P.-M. Nguyen, A mean field view of the landscape of two-layer neural networks, *Proc. Natl. Acad. Sci.*, **115**, E7665–E7671 (2018).
18) T. Misiakiewicz and A. Montanari, Six lectures on linearized neural networks, arXiv:2308.13431 (2023).
19) M. Potters and J.-P. Bouchaud, A first course in random matrix theory: for physicists, engineers and data scientists, Cambridge University Press (2021).
20) 渡辺澄夫，他，ランダム行列の数理と科学，森北出版 (2014).
21) A. Canatar, B. Bordelon, and C. Pehlevan, Spectral bias and task-model alignment explain generalization in kernel regression and infinitely wide neural networks, *Nature communications*, **12**, 2914 (2021).
22) L. Xiao, *et al.*, Precise learning curves and higher-order scaling limits for dot-product kernel regression, *J. Stat. Mech.: Theory Exp.*, 114005 (2023).
23) M. Loog, *et al.*, A brief prehistory of double descent, *Proc. Natl. Acad. Sci.*, **117**, 10625–10626 (2020).
24) M. Gabrié, *et al.*, Spin Glass Theory and Far Beyond: Replica Symmetry Breaking after 40 Years, World Scientific (2023).
25) H. Cui, *et al.*, Asymptotics of feature learning in two-layer networks after one gradient-step, arXiv:2402.04980 (2024).
26) S. Goldt, *et al.*, Dynamics of stochastic gradient descent for two-layer neural networks in the teacher-student setup, *NeurIPS*, 3778 (2019).
27) 吉野元，深層ニューラルネットワークの解剖――統計力学によるアプローチ，日本物理学会誌，**76**, 589–594 (2021).
28) D. A. Roberts, S. Yaida, and B. Hanin, The principles of deep learning theory, Cambridge University Press (2022).
29) B. Bordelon and C. Pehlevan, Self-consistent dynamical field theory of kernel evolution in wide neural networks, *NeurIPS* (2022).
30) J. Cohen, *et al.*, Gradient descent on neural networks typically occurs at the edge of stability, *ICLR* (2020).
31) J. Kirkpatrick, *et al.*, Overcoming catastrophic forgetting in neural networks, *Proc. Natl. Acad. Sci.*, **114**, 3521–3526 (2017).
32) A. M. Saxe, J. L. McClelland, and S. Ganguli, Exact solutions to the nonlinear dynamics of learning in deep linear neural networks, *ICLR* (2014).

B4
大規模言語モデルと科学

B4.1　大規模言語モデル

大規模言語モデルが注目されている．現在のように大規模言語モデル（large language model, LLM）が注目されるようになった背景は，技術的進歩と社会的要請の双方に起因する．初期の自然言語処理技術は，ルールベースのアプローチに依存していた．これは，人間が言語の規則をコンピュータに教え込む方法である．しかし，この方法は非効率であり，言語の多様性と複雑性を捉えきれないという問題があった．

2010 年代に入ると，機械学習，特に深層学習の技術が自然言語処理の分野にも応用されはじめた．この時期，特に重要な役割を果たしたのが前述の「トランスフォーマー」モデルである（B1 章参照）．このモデルは，文中の単語間の関係を長距離にわたって効率的に捉えることができるアーキテクチャを持っており，以前のモデルと比べて格段に精度の高い自然言語処理を実現した．

トランスフォーマーの登場により，言語モデルは飛躍的に進化し，GPT（Generative Pre-training Transformer）のような大規模言語モデルが開発されることとなった．これらのモデルは，膨大な量のテキストデータから言語のパターンを学習し，人間のように自然で流暢なテキストを生成できるようになった．

大規模言語モデルの注目は，その応用範囲の広さにも起因する．テキスト生成だけでなく，質問応答システム，感情分析，自動翻訳といった多岐にわたるタスクでその能力を発揮している．これにより，医療，ビジネス，教育，エンターテインメントといった様々な分野での活用が期待されている．

本章ではこの大規模言語モデルを概観し，その未来について議論する．主な題材としては数学である．数学は現代科学の基礎であり，大規模言語モデルが数学をこなせるようになることで物理学を含む多様な科学への貢献が予想される．

B4.1.1 次単語予測

次単語予測は，大規模言語モデルの根幹を成す技術である．このタスクでは，与えられたテキストの文脈に基づいて，最も適切な次の単語を予測する．このプロセスは，人間が言葉を使ってコミュニケーションを取る際の思考プロセスに似ている．我々が会話をするとき，相手のいったことや文脈から，次に何をいうべきかを予測する能力を自然と使っている．大規模言語モデルは，この人間の能力を模倣し，大量のテキストデータを学習することで，単語の意味や文脈，文法的な規則性を理解し，適切な単語を予測する能力を身につける．

次単語予測技術の応用範囲は広い．例えば，テキスト自動生成では，物語の続きを創作したり，メールの返信を自動で作成するなど，多様なテキストを生成する基盤となっている．また，質問応答システムでは，質問の意図を理解し，適切な回答を生成するためにこの技術が使われる．さらに，自動翻訳や要約生成など，自然言語処理の多くの分野で次単語予測は重要な役割を果たしている．

次単語予測について，数式を交えてさらに詳細な議論を行おう．この技術の核心は，与えられた単語列に基づいて次にくる単語の確率を計算することにある．この確率は一般に次のような条件付き確率で表される．

$$P(w_n|w_1, w_2, ..., w_{n-1}). \tag{B4.1}$$

ここで，w_n は予測される単語，$w_1, w_2, ..., w_{n-1}$ はこれまでに与えられた単語列である．大規模言語モデル，特にトランスフォーマーベースのモデルでは，この確率を計算するために注意機構（attention mechanism）が用いられる．

注意機構　トランスフォーマーの注意機構は，入力された単語列の中から，予測すべき単語と最も関連が深い単語に「注意」を向ける．この機構は，以下のようなスコア関数を計算することで実現される．

$$\mathrm{Attention}(Q, K, V) = \mathrm{softmax}\left(\frac{QK^T}{\sqrt{d_k}}\right)V. \tag{B4.2}$$

ここで，Q（Query），K（Key），V（Value）はそれぞれクエリ，キー，値のベクトルであり，d_k はキーベクトルの次元数である．この式により，各単語がどの程度の注意を払うべきかの重みが計算され，その重みに基づいて単語間の関係が捉えられる．

次単語の確率計算　最終的に，トランスフォーマーは得られた重みを用いて，次にくる単語の確率分布を出力する．この確率分布は，以下のようにして各単語に対する確率を計算することで得られる．

$$P(w_n|w_1, w_2, ..., w_{n-1}) = \mathrm{softmax}(z). \tag{B4.3}$$

ここで，z は transformer による出力ベクトルである．softmax 関数は，ベクトルの各成分を非負の値に変換し，その和が 1 になるようにする．これにより，すべての可能な単語に対する確率分布が得られ，最も確率の高い単語が次の単語として選ばれる．

これらの計算を通じて，次単語予測では大量のテキストデータから複雑な文脈と単語間の関係を学習し，精度の高いテキストを生成する．注意機構の導入により，モデルは文脈をより深く理解し，それぞれの予測において重要な情報に「注意」を集中させることができる．これは，大規模言語モデルが自然言語の処理と生成において非常に高い性能を発揮する理由の 1 つである．

B4.1.2　大規模言語モデルの学習

大規模言語モデルの学習プロセスは主に，事前学習（pre-training）と微調整（fine-tuning）の 2 つの段階に分けられる．この 2 段階のプロセスは，モデルが一般的な言語理解能力を獲得し，その後，特定のタスクに特化した知識を身につけることを可能にする．

事前学習　前項では大規模言語モデルのタスクとモデルに焦点を当てて議論してきた．本項ではその学習プロセスに焦点を当てる．事前学習の段階では，大規模なテキストコーパスを用いて，モデルに言語の一般的な構造，文法，意味などを学習させる．このステップでは，自己教師あり学習手法が用いられる．多くの場合では，前述の次単語予測である．このプロセスを通じて，モデルは広範な文脈理解，単語間の関係性，文の生成方法などを学習する．

微調整　事前学習を経た後，モデルは特定のタスクに特化するための微調整段階に入る．この段階では，タスク固有のデータセットを用いての学習が行われる．微調整により，モデルは特定のタスク，例えば感情分析，質問応答，テキスト分類などに対する理解とパフォーマンスを向上させる．微調整プロセスは比較的短時間で完了し，少量のデータでも効果的に特定タスクの知識をモデルに転移させることができる．

事前学習と微調整のパラダイム　この2段階の学習プロセスは多大な計算量を要求する事前学習のプロセスと実際に行うタスクの学習とを分離し，多くのメリットをもたらす．特に，事前学習段階でモデルが獲得した一般的な言語理解能力は，その後の微調整プロセスで特定のタスクに対して応用される際，強力な基盤となる．このような事前学習ずみモデルの利用は，新しいタスクへの適応を迅速に行うための基盤として機能し，従来モデルの訓練に比べて著しく少ないデータで優れたパフォーマンスを達成できる．

このアプローチのさらなるメリットとして，モデルのトレーニングに必要な時間とリソースの削減が挙げられる．大規模なデータセットを用いた事前学習は一度行えば，そのモデルを様々なタスクに対する基盤として再利用できるため，個々のプロジェクトごとにゼロからモデルを訓練する必要がなくなる．これは，特に計算リソースが限られている環境や，迅速なプロトタイピングが求められる場合に大きな利点となる．

さらに，このパラダイムはモデルの汎用性を高める．一度広範囲のデータで事前学習されたモデルは，多様なドメインやタスクに対する強力な基盤となる．結果として，同一の事前学習ずみモデルをもとに，様々な微調整タスクを行うことで，それぞれに最適化されたモデルを効率的に生成できるのである．

B4.2　大規模言語モデルの応用

大規模言語モデルは，自然言語処理技術の進化に伴い，多岐にわたる応用分野において重要な役割を果たしている．テキスト生成から翻訳，質問応答システム，感情分析，自動要約に至るまで，これらのモデルは，高度な言語理解能力と生成能力を活用し，効率的かつ精度高くタスクを実行している．具体的には，ニュース記事や物語の自動生成，言語間の流暢な翻訳，ユーザーの質問に対する正確な回答の提供，テキスト内の感情の識別，および長文の簡潔な要約作成などである．本セクションではその科学への応用について議論し，大規模言語モデルやそのマルチモーダル化が，どのように科学を変革するかについて考える．

B4.2.1　大規模言語モデルの算術能力

GPT3.5 がリリースされてまもなく，ある 1 つの問題が発見された．それは「大規模言語モデルは単純な足し算であっても桁数が多いと間違える」という問題である．ChatGPT においては現在はこの問題は概ね解決されているようにみえるが，本質的な問題としては残っている．つまり，桁数の大きい足し算は大規模言語モデルに取って未見のデータであり，分布外データとなってしまっている，という問題である．この問題に対する解はいくつか知られているが，その基本となるのが外部ツールとの接続である．外部ツールの接続とは，大規模言語モデルがある種の問題（ここでは足し算）を検知した際に，あらかじめ決められた外部ツールに自動的にその問題を送り[*1)]，外部ツールからの実行結果を受け取ることで推論を進めるプロセスのことである．より具体的には，次のようなものが知られている．

Wolfram との接続　ChatGPT は Wolfram によって[*2)]，Wolfram Alpha および Wolfram 言語を使った強力な計算機能，積分結果などの数学的解答，精選知識，リアルタイムデータ，可視化にアクセスできるようになっている．数学的問題を検知し，Wolfram との接続を行うことで四則演算や微分積分などの計算を分布外問題に悩まされることなく正確に実行できるようになる．

Python との接続　上は数学特化の外部ツールだが，もう少しベーシックに Python との接続も考えることができる．これは大規模言語モデルのコーディングスキルを利用し，生成されたコードを実行することで計算を行うといったアプローチである．実際に筆者の論文[1)]では Chain-of-Thought（CoT）方式と Python REPL を統合し，XML 風のマークアップ言語を用いて LLM に構造化テキストを生成させることにより，LLM の推論能力を向上させた．この手法は，LLM が Python 計算を利用して CoT 内のエラーを自動的に修正するこ

---

*1)　このスキルは前述の微調整，あるいはプロンプトエンジニアリングによって獲得する．
*2)　はじめは ChatGPT plugin として実装されていたが，現在では GPTs となっている．

とを可能にし，数学的問題解決においてより正確な結果を得ることができるようにしたものである．また，この種の手法のよい点は数学だけでなく，アルゴリズムの生成なども行うことができる点である．

B4.2.2 大規模言語モデルの証明能力

大規模言語モデルは例えばオイラーの公式のような有名な等式や定理に対しては概ね正しい証明を生成することができる．しかしこれはどちらかといえば知識の類であり，真に数学的推論が行われているかは定かではない．ではどのようにすれば真に新しい数学的推論を実行できるのか，この章ではそこに焦点を当てて議論してみよう．

基本的な問題は算術のケースと似ている．つまり新しい定理の証明を書くことは分布外のデータを生成することになっているのではないかという問題である．この問題に対し，本項においてはやはり外部ツールの使用という形での解決策を紹介したいと思う．ここで使われる外部ツールが証明支援系（proof assistant）と呼ばれるシステムである．

証明支援系 証明支援系とは，数学的定理の証明プロセスをコンピュータで支援するシステムである．これらのシステムは，数学や論理学の厳密な理論に基づき，定理の正当性を検証するためのツールを提供する．証明支援系の核心は，数学的命題や証明を形式化しコンピュータが解釈可能な形式で表現することにある．これによりコンピュータは証明の各ステップを検証し，証明全体の正確性を保証することが可能になる．また証明支援系を用いることで人間によるエラーや見落としを証明プロセスから排除し，信頼性の高い結果を得ることができる．また，複雑な証明の構築効率も大幅に向上する．lean，Coq，Isabelleといった証明支援系は，形式的検証が求められる研究の場において必要不可欠なツールである．図 B4.1 にその例を挙げた．

証明支援系の原理は，数学的論理と型理論に基づく．これらのシステムは，数学的定理や論理的命題を形式的な言語で記述し，その証明を機械的に検証可能な形で構築することを可能にする．証明支援系の根本的な構成要素は，形式言語，推論規則，および型システムである．

形式言語： 形式言語は，数学的命題や証明を厳密に表現するための言語で

```
1  import Mathlib.Tactic
2
3  example {m n : ℕ} (hn : n ≠ 0) : m ^ 2 ≠ 2 * n ^ 2 := by
4    -- `Nat.factorization m 2`は`m`の素因数分解における`2`の重複度のこと。
5    let a := Nat.factorization m 2
6    let b := Nat.factorization n 2
7    have h₁ : Nat.factorization (m ^ 2) 2 = 2 * a := by
8      simp
9    have h₂ :=
10     calc Nat.factorization (2 * n ^ 2) 2
11       _ = 1 + Nat.factorization (n ^ 2) 2 := by
12         rw [Nat.factorization_mul (by norm_num) (pow_ne_zero 2 hn)]
13         simp [Nat.Prime.factorization_self (show Nat.Prime 2 by norm_num)]
14       _ = 1 + 2 * b := by simp
15   intro sqr_eq
16   have hab : 2 * a = 1 + 2 * b := by rw [← h₁, ← h₂, sqr_eq]
17   have : Even (2 * a) := even_two_mul a
18   have : ¬ Even (2 * a) := by
19     rw [← Nat.odd_iff_not_even, hab, add_comm 1 (2 * b)]
20     exact odd_two_mul_add_one b
21   contradiction
```

図 B4.1 lean3 を用いた $\sqrt{2}$ が無理数であることの証明.

ある．この言語は，定義，公理，定理，証明といった数学的概念を正確に記述するために設計されている．形式言語により，あいまいさを排除した正確な表現が可能になる．

推論規則：　推論規則は，形式言語で表現された命題から新たな命題を導き出すための規則である．これにより，証明過程での論理的な推論が厳密に行われる．推論規則を適用することで，与えられた公理や既知の定理から新しい結論を導出する．

型システム：　型システムは，証明支援系において特に重要な役割を果たす．型理論に基づき，式や関数，変数などの要素に型を割り当てることで，プログラムの正当性や証明の正確性を静的に検証する．型システムにより，証明過程でのエラーや不整合を事前に検出し，証明の整合性を保証する．

機械検証証明支援系は，上記の原理を用いて形式化された証明を機械的に検証する．ユーザーは証明すべき命題を形式言語で記述し，推論規則に従って証明を構築する．システムは型システムを利用して証明の正確性をチェックし，全体の証明が論理的に整合しているかを確認するのである．

証明支援系と接続された大規模言語モデルと幻覚　さて，証明支援系と接続された大規模言語モデルはどんなことができるようになるだろうか．ここでは大規模言語モデルが Python のように証明支援系を使いこなせたときに何が起こるかを考えてみることにする．残念ながら現在の大規模言語モデルではそのレベルには至っていないが，大規模言語モデルの中で行われた Python の学習と同程度のデータ量で学習すれば，十分に達成可能な状態である．まずはじめに起こるのは大規模言語モデルが自然言語で生成した証明が合ってるか間違っているかを概ね判定することができる，ということである．これは生成時に同時に証明支援系でコーディングを行い，そのコードを用いることで証明が正しいかを判定できるからである．ここで概ね，といっているのは自然言語で生成した証明と，その証明支援系でのコード化にギャップがある可能性があるためである．その場合においてもコード自体は何らかの正しい証明を表していることに注意されたい．一般に，大規模言語モデルが生成した文章に虚偽が含まれる現象のことは幻覚（hallucination）と呼ばれる．証明支援系と接続された大規模言語モデルは数学の分野に対する幻覚を解決することができるのである．次に考えたいのは自動査読である．証明支援系と接続された大規模言語モデルは自然言語での証明をコード化できるのだから，大規模言語モデルが証明を生成した場合と同様にチェックすることができる．最後に自動証明だが，これは少しギャップがある．なぜならば証明支援系がサポートしてくれるのは証明の正しさについての理解であり，生成のプロセスに貢献はしてくれないからだ．ではどうすればよいだろうか．

証明支援系を用いた自己改善　前項の議論で，証明支援系を用いただけでは大規模言語モデルが持つ元々の証明能力は変わらないことがわかった．しかしこれは大規模言語モデルの状態を固定した場合であり，大規模言語モデルが自分で生成したデータで学習を行い，成長した場合には事情が異なる．このように大規模言語モデルが自分で生成したデータで学習を行い自己を成長させることは自己改善（self improvement）と呼ばれる．近い将来にウェブ上のデータをほぼすべて使い切ったモデルが誕生する，といった見通しがあり，そのソリューションとして期待される手法の 1 つである．この手法は数学に限らず様々な分野での応用が期待されている．図 B4.2 に化学分野における筆者の共同研究の

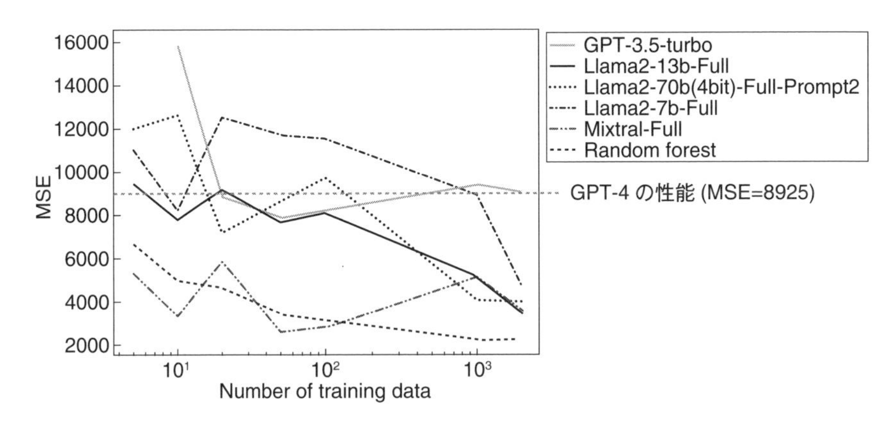

図 B4.2　化学分野における自己改善アルゴリズムでのファインチューニングの結果（畠山歓氏との共同研究）.

結果を載せた．証明支援系と接続された大規模言語モデルにおける自己改善アルゴリズムは以下である．

1）命題とその証明，およびそれらのコードを生成する．

2）証明として正しいかを証明支援系を用いてチェックする．

3）証明として正しいものは学習データとして残し，そうでない場合は棄却する．

4）上で得られた学習データで追加学習を行う．

5）1）に戻る．

このループを繰り返すことで，大規模言語モデルはその容量（パラメータ数によるバウンド）の限界まで自身の数学能力を上げることができると見込まれる．一般に，このような1つの分野に詳しいモデルのことは特化型モデルと呼ばれる．この用語を用いれば上のアルゴリズムは数学における特化型モデルを作成するアルゴリズムということができる．このアルゴリズムがうまく実行された状態になれば前セクションの自動証明，自動査読の精度も上がり，数学特化型モデルによる技術的特異点（singularity）が訪れるのはほぼ明白に思える．

B4.2.3 数学におけるキュビズム

終わりに，大規模言語モデルによる技術的特異点の後の話をしたいと思う．上述したような大規模言語モデルができれば，例えば定理に対する数億ページの証明，あるいは定理自身すらもこのオーダーのものが取り扱うことができるようになる．一見するとこのような人間にとって解釈不可能な定理は無意味なようにみえるかもしれないがそうではない．現在の深層学習が用いられるのと同じように，ブラックボックスとして用いればよいのである．例えば定理 A が命題の記述に数億ページ，証明に数兆ページかかる正しい定理だったとする．そしてそれを適応した結果として 2 つの異なる物理量の一致が証明できたり，あるアルゴリズムの計算量を削減できたとしたらその結果は数学的に保証された結果として考えて問題ないだろう．我々は統計的分析の結果と同様に，ブラックボックス化された数学も取り扱うことができるのである．過去に起きた現象のアナロジーとして，これは写真機の誕生に似ている．19 世紀半ば，写真機の発明は芸術界に大きな革命をもたらした．それまで芸術家たちが追求してきた写実的な表現を遥かに超える精度の写実表現が機械によってもたらされたのである．ピカソやブラックをはじめとする画家たちは写実的視点を超えた新しい表現手法を模索し，キュビズムを生み出した．数学と大規模言語モデルに対するキュビズムとは何だろうか．歴史による返答を待ちたい．

コラム　人工知能と脱構築

フランス現代思想家のジャック・デリダによるパロール（話し言葉）とエクリチュール（書き言葉）に関する議論を思い出してみよう．それまでの哲学界ではパロールとエクリチュールは階層的二項対立として取り扱われていた．つまり素朴な現象論としてパロールがエクリチュールを産み出しており，パロールが優位，エクリチュールが劣位の立場にあるという考え方である．これに対し，デリダは以下のような批判を行った．エクリチュールは人々の意志や，世界認識の様を変容させている，そしてそれはパロールに影響を与えていることになるのだからパロールはエクリチュールによって侵食されている．よってパロールを優位，エクリチュールを劣位とする階層的二項対立関係は認められない．

この種の脱構築と呼ばれる階層的二項対立を崩す議論は，後の哲学界に大きな影響を与えた．ここでは，人工知能を用いてこの脱構築を行ってみようと思う．

そのためにまずパロールを一般化し身体活動に，それに呼応してエクリチュールを身体活動記録（データ）と読み替えてみることにする．またここではより単純に活動データを言語と画像に絞ることにする．現在よく知られている figure01 のような人工知能エージェント（ロボット）はその脳として vision-language model（画像と言語の大規模モデル）が用いられている． figure01 のデモでは，指定したものを渡してくれたり，片付けたりなどを会話ベースで行うことができる様が映されている．そう遠くない未来に，人工知能エージェントは我々の目の前に現れ，生活をともにすることになるだろう．そうなれば彼らは我々を手助けするだけでなく，説得してきたり，協力して何かを成し遂げたりする．

このように，人工知能エージェントは我々の身体世界に現れ，我々に影響を与える．それは紙とペンがあるから記憶する必要性が減った，というような間接的影響ではなく，何かを説得され，それに同意するといったような直接的影響である．

ここまでくればわかるかもしれないが，人工知能エージェント（ロボット）のコアは vision-language model であり，それは画像と言語のデータから学習される．またそれが自分用に微調整されたものであればそのデータも自分自身の活動記録に他ならない．

人工知能エージェントは我々を助け，説得し，世界認識や身体活動を変容させる．これは個人向けに調整されたパーソナルな脱構築である．

もし人工知能エージェントが目の前に現れ，あなたを説得し切る日がきたら，君には脱構築させられたよ，といって握手を交わすのもいいかもしれない．

［三内顕義］

文　　献

1) R. Yamauchi, *et al.*, LPML: LLM-Prompting Markup Language for Mathematical Reasoning, *AITP* (2023).
2) C. M. ビショップ，パターン認識と機械学習（上・下），丸善出版 (2012).
3) H. W. Lin, M. Tegmark, and D. Rolnick, Why does deep and cheap learning work so well?, *J. Stat. Phys.*, **168**, 1223–1247 (2017).

おわりに

本書は機械学習と物理学という，それぞれでも広大な2つの分野の学際領域である「学習物理学」の入門書として執筆された．2023年の国際研究会の終わりに「色々と知見が増えてきたので教科書の形にまとめたいですね」と橋本幸士氏に声をかけ，この本のプロジェクトははじまった．以前に書いた本と比べて本書はかなり最新の知見までを含めた意欲的な構成となっている．最新の知見をいち早く出版するために変則的な執筆スケジュールとなってしまい，多くの人の助けがなければ出版には至らなかったことを正直に申し上げておく．

「はじめに」でも書いた通り，筆者（富谷）は，2016年に機械学習分野に足を踏み入れた．正直なところ，当時は現在のようなAIブームがくることは予想していなかった．特に2022年11月に発表されたChatGPTからのAIの快進撃はまったく予想しておらず，2024年やそれ以降も，この後に何が起こるか予想もつかないワクワクした（悪くいえば競争が激しく，キャッチアップが大変な）時代となっている．物理学はいわずもがな，機械学習はビッグサイエンスの域に達しつつあり，個人の寄与が相対的に小さくなりつつある．それでもまだ（多少なりとも）アイデア勝負でよい仕事ができる時代でもあり，学際領域である「学習物理学」をきっかけに物理学と機械学習の両分野によい研究結果がもたらされると非常にうれしい．またこの研究分野をきっかけに，さらに数学など多くの分野に波及していけばこの上ない．

本書の執筆にあたって数多くの人々の協力があった．筆者は，文部科学省科学研究費助成事業学術変革領域研究（A）「学習物理学の創成」のメンバーである．本書の執筆には直接関わってないメンバーとの議論などを通して得た知見も本書には数多く含まれているのでここで感謝したい．

特に朝倉書店編集部の担当者がいなければ本書は実現しえなかった．変則的な執筆スケジュールにより，多くの手間がかかったかと思うが，それにより最新の知見を踏まえた唯一無二の教科書になったと自負している．ここに筆者一同を代表して感謝いたします．

富谷昭夫

索　　引

欧　文

あ　行

か　行

さ　行

た　行

な　行

は　行

ま　行

や　行

ら　行

編集者略歴

橋本幸士（はしもとこうじ）

2000年　京都大学大学院理学研究科修了
現　在　京都大学大学院理学研究科教授
　　　　博士（理学）

学習物理学入門　　　　定価はカバーに表示

2024年11月1日　初版第1刷
2025年8月5日　　　第3刷

編集者　橋　本　幸　士
発行者　朝　倉　誠　造
発行所　株式会社　朝　倉　書　店
東京都新宿区新小川町 6-29
郵便番号　162-8707
電　話　03(3260)0141
FAX　03(3260)0180
https://www.asakura.co.jp

〈検印省略〉

印刷・製本　藤原印刷

ISBN 978-4-254-13152-9　C 3042　　Printed in Japan